史丹佛翻轉人生
超級勝算課

從商業、生活到財富，
完美決策背後最重要的決策品質

卡爾‧史佩茲勒 Carl Spetzler、漢娜‧溫特 Hannah Winter、珍妮佛‧梅耶 Jennifer Meyer —— 著

林奕伶—譯

Decision Quality
Value Creation from Better Business Decisions

Contents

PART I
超級勝算的架構

PART II
超級勝算的六大金律

PART III

超級勝算的考驗

PART IV
通往超級勝算的旅程

致謝

我們受益於站在巨人的肩膀上。引導我們做出更好決策的決策品質（decision quality, DQ）架構，是建立在決策理論之上，而決策理論則是拉普拉斯（Laplace）、白努利（Bernoulli）、拉姆西（Ramsey）等許許多多智者經過幾世紀發展而來的。過去五十年來，在史丹佛大學的朗‧霍華（Ron Howard）與哈佛大學的霍華德‧雷法（Howard Raiffa）及其哈佛同事等人的思想領導之下，將這個理論變成優化決策的實用學科。此外，克服偏誤與決策陷阱需要了解人類的天性，行為決策學也在這方面取得了重大進步。該領域的思想領袖有阿莫斯‧特沃斯基（Amos Tversky）、丹尼爾‧康納曼（Daniel Kahneman）、沃德‧愛德華茲（Ward Edwards）。

本書作者屬於以朗‧霍華（以及他的許多研究生）為中心發展而成的思想學派，我們從這個決策專業人士的社群獲益良多，當然也有所貢獻。我們的工作單位策略決策集團（Strategic Decisions Group, SDG）是這個決策社群的一分子，並且和史丹佛大學專業發展中心的策略決策與風險管理（Strategic Decision and Risk Management, SDRM）認證學程有教育合作。芭芭拉‧梅勒斯

（Barbara Mellers）與我們共同教授 SDRM 學程的「決策中的偏誤」（Biases in Decision Making）課程約七年，這段經歷的結果就是本書呈現的偏誤分類架構。

我們想感謝 DQ 架構最初的共同創造者，尤其是朗・霍華、湯姆・基林（Tom Keelin）、詹姆斯・馬特森（James Matheson）、邁克・艾倫（Mike Allen）。所有 SDG 的同仁都參與了推進決策品質這門科學與實務。DQ 的實用價值已經獲得驗證，這要感謝許多客戶提供經驗，證明優化決策所創造的價值。還要感謝許多敏銳的研究者提出尖銳的質問，精煉改善了我們要傳達的訊息。

特別要感謝 SDG 的總教師布魯斯・賈德（Bruce Judd），為本書的草稿提供許多寶貴的意見。作家兼編輯理察・盧克（Richard Luecke）、平面設計師瑪莎・亞比納（Martha Abbene），都是促成本書成形的團隊重要成員。

我們還要感謝親愛的家人，在我們為這個專案努力的歲月中給予耐心支持。

而本書若有任何錯誤遺漏之處，責任自然在於我們。

卡爾・史佩茲勒
漢娜・溫特
珍妮佛・梅耶

序言
在人生與事業善用決策品質，
打造更好的未來

　　品質欠佳的決策盛行於今日的商業界。正如保羅・納特（Paul Nutt）在 2002 年的《決策之難》（*Why Decisions Fail*）書中提到的：「組織所做的決策半數都失敗了，所以失敗遠比原先想的更普遍。」可惜，在那之後情況並沒有大幅改善，糟糕的決策依然充斥著世界各地的新聞標題並殃及機構組織。結果就是公司與股東還有世界經濟，流失了巨額的經濟價值。而商業界並非糟糕決策的唯一來源，其他例如政府機關、非營利團體等各種組織中的人，也會做出拙劣的選擇而造成代價高昂的後果，個人的決策也是如此。

　　1980 年代開始在美國盛行的品質運動（quality movement），明顯幫助其追隨者**做對的事情**：更快、更好、成本更低。可惜，這種重視品質的理念並未擴大到決策領域。在需要做出重要決策的高階主管辦公室與會議室中（他們的目標就是**做對的事**），決策者並未做出能力所及的最佳決策。在處理涉及數百萬美元的重大選擇時，鮮少組織具備以品質為本的處理流程，或者設計一套機制避開那些

可能會導致決策陷阱的人類偏見和錯誤假設。結果就是產出大量低劣品質的決策。

所幸，我們還有機會挽救這一切。我們可以學習並實踐以**決策品質**（DQ）架構為基礎的決策技巧、流程與工具。只要決策者學會基礎決策技巧，就能輕鬆應用許多工具和流程。有些情況則需要一些決策支援，可能是分析或者是協助。所有工具和流程都能幫助我們產生人人可輕易理解、使用的精闢見解。

DQ 是一套哲學，它所根據的決策理論原理已經發展超過三百年。決策理論是一種規範哲學（normative philosophy），提供理性思考的規則，讓人在面對無常與不確定時，能得到最多真正想要的東西。該領域大約在五十年前有重大進展，當時史丹佛大學教授朗・霍華與哈佛大學教授霍華德・雷法，將其哲學與理論學說轉變成實用的應用學科決策分析（decision analysis, DA）。決策分析要處理的是，面對不確定、充滿變數（多回合的決策與學習）、影響價值的多重因素等決策的複雜性。

大約三十五年前，朗・霍華與卡爾・史佩茲勒和他們在策略決策集團（SDG）的夥伴，開始結合決策分析的原理和行為決策學研究的心得，希望幫助組織團體有效率地處理複雜決策的實務難題。努力的成果就是構成本書基礎的 DQ 架構。DQ 是 SDG 提供的服務核心，三位作者在 SDG 具有數十年的豐富經驗，專門協助全球各企業改善策略決策。如今，對於龐大且規模日益成長的決策專家團體而言，DQ 框架已經成為他們的核心知識，這些人遍布世界各

地，幫助企業領袖們進行策略決策。

＊　＊　＊

本書作者常被問到：「大部分企業與個人不是都做出高品質的決策了嗎？」答案是：沒有。因為一般人每天都在做決策，自然會以為自己早就很懂得如何做好決策。事實上，做出好決策並非與生俱來的能力，甚至可以說，**做出好決策的能力有違人性**。近五十年來的行為決策學研究揭示，人類的心智歷程和社會行為中有數百種偏誤。因此，雖然一般人普遍相信自己天生是優秀的決策者，但這種看法是錯覺，而且是危險的錯覺。要實踐 DQ 的最大挑戰，就是承認這個錯覺，並且體認到這其中還有很大的改善空間。

DQ 可以幫助人們大幅地改善決策。學會 DQ 並且看出 DQ 好處的人，時常會經歷豁然開朗的頓悟時刻。一旦學會後，人們會希望可以一直擁有這項工具，因為他們很明白 DQ 能大力幫助自己做出更好的決策。他們成了 DQ 的擁護者，將這個架構應用在個人的決策上，並積極向其他人宣傳分享這個好工具，包括同事、子女家人、親朋好友等等。

本書目的是讓更多人認識「決策品質」。用意就是幫助大家理解 DQ：DQ 是什麼，需要什麼條件，以及如何透過實務流程應用在個人生活與事業中。本書擷取自決策科學以及數十年來的真實應用案例，提煉出一套淺顯易懂的架構，任何人一定都能輕鬆應用。各章節中不時會穿插一些 DQ 實戰案例和小故事，都是取自 SDG

數十年來與各種行業的機構合作成果。DQ 和所有類型的決策息息相關,讀者不僅可以將自己所學應用在商業策略,個人生活也同樣適用。

本書提供的概念,將幫助讀者學習達成高品質決策所需的決策技巧。目標讀者包括所有肩負重大決策責任、或渴望背負重大決策責任的人,例如企業主、高階主管、經理人,以及各行各業及各種規模組織的領袖。至於那些專門為策略決策提供支援的決策專家,不妨把本書當成與決策者分享的實用資源。

＊　＊　＊

本書共分成四大主題。第一部分由三個章節組成,展示整個 DQ 架構。第 1 章回答「我們為什麼需要決策品質?」。第 2 章概略說明 DQ 六個基本必要條件,解釋「DQ 是什麼?」。第 3 章討論「我們如何實踐 DQ?」。

第二部分則會一一細說 DQ 的六個必要條件,一個條件單獨一章討論。這些章節會詳加描述每個必要條件,介紹相關的工具,並幫助讀者在「做決策之前」,培養判斷決策品質的能力。

接著,我們會在本書的第三部分提供一套經過時間考驗的 DQ 實踐流程。第 10 章與第 11 章焦點放在那些經常阻礙聰明人做出最佳決策的心理偏誤與決策陷阱。在第 12 章與第 13 章,我們會和讀者分享可用來實踐決策品質的流程,並提供方法與應用案例。

最後,第四部分將針對通往實踐 DQ 的旅程提出重要的精闢見

解：策略應用展現了決策分析工具的力量。接著介紹組織決策品質的概念，以及如何實現的方法。最後一章為希望開始在決策中使用 DQ 的讀者提出建議。

＊　＊　＊

作者真心希望本書提到的概念與例子，能有效提高所有讀者的決策能力，讓每個人的人生、公司發展以及團體的未來都有明顯可見的改善。

卡爾・史佩茲勒

漢娜・溫特

珍妮佛・梅耶

於加州帕羅奧圖

Part I

超級勝算的架構

**The
Decision Quality
Framework**

本書的第一部分將提供決策品質（DQ）完整架構概述。第 1
章著重在我們為什麼需要 DQ ？解釋決策技巧為什麼重要，以及改
進這些技巧對改善生活與財富有什麼樣的幫助，同時描述決策及其
結果的根本差異。第 2 章將會討論決策品質是什麼？進入 DQ 六大
必要條件的介紹。設法令六個條件都滿足優異，是抵達高品質決策
終點的關鍵。第 3 章則探討我們如何實踐 DQ ？我們會先從正式宣
告應該做出什麼樣的決策開始，接下來診斷決策的本質，然後挑選
適合該決策的流程。

01
決策的力量

人生就是你所有抉擇的總和。

——卡繆

　　我們的人生軌跡是由我們的決定推動的：就讀的學校，從事的職業，承擔的工作計畫，選擇的投資，雇用的員工，結交來往的好友與泛泛之交。決策有大有小，有些決策瑣碎，也有些決策足以產生翻天覆地的影響，決策形塑了我們的生活和組織，變得更好或更差。

　　我們無時無刻能看到身邊出現種種決策，而且很快就能判斷出哪些是拙劣的決策。當位高權重的領袖跨越了道德界線，一廂情願地做出浮誇的假設，或者信口開河，未經深思熟慮就相信自己的直覺，看到這種草率的決策時常令我們感到驚詫不已。當然，作為一個旁觀者，看著別人做決策，特別是對我們有影響的決策，批評失

敗總是比較容易。

　　然而，輪到我們自己做決策時，通常會自以為做得很好。只不過，實際上我們做的大概也不是好決策。由於人類的大腦路線設定，其實我們無法天生做出好決策，特別是在決策情況獨特而結果又不確定時。我們天生設定要「滿意」（satisfice）[1]、將就「過得去」的辦法，然而「滿意」和「盡可能做出最好選擇」之間，還有一段很大的落差。

　　在後面的章節可以看到，人類有許多偏見和不良習慣，導致我們的決策遠遠達不到決策品質（DQ）。舉幾個例子：我們信賴他人鼓吹的主張，不考慮替選方案，忽略不確定性，過度簡化，草率下結論，一味尋找堅定自身立場的證據，抗拒那些會駁斥自身立場的證據，將一致性與達成優質決策混為一談，諸如此類的偏見不勝枚舉。我們把時間和金錢浪費在與決策無關的事情，缺乏有條不紊的系統性，行事沒有耐心，然後又帶著後見之明偏誤（hindsight bias），為自己的決策找藉口，讓自己確信決策是好的——但那只是一種錯覺。

　　這樣的思考缺陷，使我們因此錯失了大量的價值，但是只要具備 DQ 的紀律和技巧，那些原本我們應該得到的價值都可以實現。因此，在商業、社會、個人生活中，所謂「過得去」的決策和「最好的」決策之間的落差同樣巨大。不過，當有人告訴決策者這個落差和改善的機會時，他們往往會大吃一驚，而且常被激怒：

決　策　者：你是在跟我說，我還沒有做出好決策嗎？

決策顧問：嗯，算是吧。如果你和其他人類一樣，你會以為自己做了好決策，但其實你距離最好的決策還有遠遠一大截。

決　策　者：證明給我看！

證據確實有。當企業利用 DQ 做出優質決策，最佳策略的價值往往是本來可能選擇的「過得去」策略的雙倍。除此之外，相較於得到的附加價值，實施 DQ 付出的成本顯得微不足道。好消息是，沒有人一定要將就「過得去」的決策。做更好的決策是可以學習的。

決策品質的重要：改善決策的架構

所幸，只要想找，就可以找到大量有用的知識。DQ 架構的技巧與方法已經達到高效益水準，而且廣為決策者接受。這門知識非常實用，而且適用於各種決策，我們可以廣泛應用在商業管理和生活等其他層面，獲得更多真正想要的成果。

本書的中心目標就是幫助讀者體認到，自己的決策還有空間可以再改善、再進步，傳授應用 DQ 架構必備的決策技巧，同時抓住原本可能錯失的價值。[2] DQ 架構包括優質決策的六大必要條件，以及達成條件的必要流程。在我們的教學經驗中，當經理人與高階

主管認識 DQ 知識後，最常見的反應就是：「真希望我這輩子更早學到這些。」

學習培養你的決策技巧

決策對於塑造我們的人生與未來十分重要，所以學會好好做決策應該列為優先要務，而且**成功決策的確是可以學會的事**。但是，商務企業與公共領域的領導者，也就是那些負責做出會造成重大影響的抉擇之人們，卻很少受過關於決策的正式訓練。一天到晚在做決策的經理人大多也是如此。想想今天的經理人、明天的高階主管是如何被培訓出來的。商學系學生會接受會計、金融、統計學、行銷學、管理學的指導，卻很少有 MBA 學程提供嚴格的決策課程。有一種看法認為，聰明人在工作中或是透過個案研究，就能習得優異的決策技能，但是在工作中透過反覆嘗試錯誤來學習，可能是漫長又痛苦的過程，不時還會犯下代價高昂的錯誤。即使是從別人的錯誤中學習，那樣的效果也比不上直接接受決策藝術與科學的訓練。

DQ 的六大必要條件符合常識，而且可以透過方法習得。許多DQ 工具和流程簡單明瞭，決策者學完就可以直接應用。更進階的情境，在面對複雜的重要抉擇時，具備 DQ 技能的領導者，將需要那些擁有先進分析工具和輔助作用的決策專家的進一步支持，以做出更精明的決策。本書介紹的所有工具和流程都可以提供必要的洞

察力，引導決策者在面對不確定與複雜情勢時，達到決策品質，做出優秀的決策。

好決策和好結果不一樣

決策涉及不確定性時，我們必須明瞭好決策與好結果的差異。許多旁觀者分不清決策與結果的不同，包括那些針對商業、政治、運動發表高見的人，彷彿產生好結果的就是好決策。將決策與其結果混為一談，就是可能對我們的選擇造成負面影響的常見錯誤。

面對不確定性時，我們必須「在決策當下」判斷決策的品質好壞，而不是在得知決策結果之後才下評語。為什麼？因為我們能控制決策，但不能控制結果。因此，我們希望把心力放在能力範圍內所能做到的最佳選擇。決策者不能用後見之明，那是旁觀者才能奢想的。

套用 DQ 架構更能夠做出優質決策：我們必須根據自己的資訊和分析，在已確立的決策情境下，選擇最有機會實現理想價值的替選方案。當然，選出最佳替選方案不保證有好結果。但是，可能需要經過好幾天、好幾個月、甚至未來好幾年才會知道的結果，並不能判定決策的品質。

舉例來說，一家製藥公司的高階主管決定大舉投資一種新發現的化合物。經過多年的研究開發與測試，新化合物獲得核准並做成突破性的癌症治療藥物發表。這為公司創造了大量利潤。

所以管理階層算是做了好的決策？從結果來看，或許是的。藥物在發表之後的那幾年，銷售額極高。公司高層主管和研發團隊互相慶賀，華爾街分析師與公司股東對公司更有信心，並為管理團隊喝采。然而在八年後，許多病人出現嚴重副作用，還有數人死亡。這個藥物被下市，公司則被產品責任的法律訴訟給淹沒了。那麼，這個決策現在看起來好不好？

　　這個例子的重點是，決策的品質不能用結果來評斷。如果只用結果來評價製藥公司的決策，我們得說這個決策先優後劣。在癌症藥物公開之後的那幾年，結果非常好，但是過了第八年就變糟了。若是以結果來判定決策的品質，那就得保留判斷，直到一切後果都塵埃落定。這是不切實際的，通常也做不到。而且結果無法告訴我們，決策者在做抉擇時考慮了哪些因素。我們必須在做出決策的當下就判斷決策品質！

　　由於每個選擇都圍繞著不確定性，所以決策與結果是兩回事。如果未來可以確定，我們就不用刻意做這個區別。我們有可能在面對不確定時做出好的決策，卻依然得到了不好的結果。比方說，在遙遠的世界彼端發生的財政崩潰，可能破壞了決策者思慮周全的計畫。好的決策在無能的實行者領導下也可能出差錯。反之亦然，在超凡的神奇執行力或好運的神助之下，品質欠佳的決策也可能得到好結果。想像一下，有個人坐在駕駛座上，一邊開車一邊傳簡訊。如果他毫髮無傷地回到家，沒有發生事故或傷害到任何人，開車傳簡訊會因此成了好的決定嗎？當然不會！正如史丹佛教授朗·霍華

說的：「好的決策絕對不會變壞，壞的決策也決不會變好。」[3]

　　好的決策會產生更多好的結果，但是並不保證如此。正如戴蒙・倫永（Damon Runyon）所說：「比賽未必都是速度快的贏，勝利也未必絕對屬於強者，但是你就是這麼下注的。」[4] 以研發來說，大約 80％的計畫項目預期會失敗。其實，研發成功的一個關鍵就是快速失敗，在長期來看可能會失敗的項目，要盡可能把投入的時間與金錢成本降到最低。如果不容許研發經理有不好的結果，那就根本不會有什麼創新的誕生。我們大概就不會有電話、電腦、飛機，或是其他各種便利設施與科技了。

　　增加好結果的最佳方法，就是做出好決定並妥善執行，而好結果就是讓我們得到更多真正理想中的收穫。即使 DQ 不保證一定有好結果，但提高了成功的機會，同時也會為我們帶來內心的平靜，就像作者卡爾的故事（見下頁）。

＊　＊　＊

　　意識到好決策與好結果的區別，是改善決策的第一步。身為決策者，我們控制不了結果，但可以控制自己的選擇。使用 DQ 架構會得到高品質的決策。接下來的兩章將快速介紹 DQ 的六大必要條件（第 2 章），以及不同類型決策實踐 DQ 的流程與方法（第 3 章）。

卡爾對個人決策的反思

幾年前，我面臨一個重要的個人決定。我需要動心臟手術 —— 冠狀動脈三重繞道手術。我和妻子努力了解情況，想知道手術是否真的有其必要性，或者支架能不能解決問題？哪一位外科醫生最適合開這一刀？要找哪一家醫院最好？我們擬出並考慮各種方案，並找專家了解我們需要知道什麼。不到一個星期，我們已經完成做出明確抉擇需要的一切，以我們的判斷，我們準備好要做出優質的決策了。

手術安排盡快進行，大約是在兩個星期後。然後我就回到了正常的工作日程。面臨如此重大的手術，我竟然這麼沉著冷靜，許多同事都覺得不可思議。我給他們一個簡單的解釋：我已經做了優質決策所需的一切。沒錯，手術是有死亡的風險。以我們的決定來說，我估計我有二十分之一的機會活不到兩個星期後。我想像有二十個人站成一排，十九個人往前站，一個人留在後面。在我看來，手術成功的可能性相當大。

DQ 提供的不只是最佳的前進路線，還帶給我心靈的平靜，那是源於知曉我們已經竭盡所能。其餘的，正如我所知，就不是我能控制的了。

> 我很高興自己是那往前站的十九人之一。我有了好的結果。不過，就算我是那個留在後面的人，那依然是個好的決策。

關鍵重點

- 決策塑造我們的人生和事業成就。
- 我們時時都在做決策，而且感覺自己已經非常擅長，但那是一種錯覺。
- 人類並非天生設定為能實現 DQ。我們很自然會陷入「滿意即可」的狀態，然後為自己做的任何決定找藉口，說服自己那些都是好決策。
- 「滿意即可」和「做出最好選擇」有天壤之別。如果我們止步於「滿意即可」，就會錯失掉很多價值。如果改善決策，那些價值很可能就是屬於我們的。
- DQ 架構提供改善決策的關鍵。
- 決策技巧可以透過學習得來。
- 因為我們必須在不確定的情況下做決定，所以必須懂得區分好決策和好結果有所不同。
- 決策必須根據決策者在做決定時的當下考量來判斷，而不是根據後來發生的事。

- 我們必須能夠在做決策時判定決策的品質，而不是根據結果回頭下評斷。後見之明就太遲了。

注釋

1. 這個概念最早是由諾貝爾經濟學獎得主、社會科學家赫伯特‧賽門（Herbert Simon）創造，他認為個人與群體做不到最佳化（屬於當時的傳統經濟理論），而是採用「有限理性」（bounded rationality）和「滿意即可」的決策方式。
2. 當然有許多書討論如何做出更好的決策，但是大部分都不符合決策理論的規範基礎，或者缺乏 DQ 架構，但這是從 DQ 的終極目標判斷決策品質所需要的。另一本以決策學洞見為基礎的書是《Bye-Bye，猶豫先生！決策大師教你聰明作決定》（*Smart Choices: A Practical Guide to Making Better Decisions*），作者為約翰‧漢蒙（John S. Hammond）、拉爾夫‧金利（Ralph L. Keeney）、霍華德‧雷法。
3. 這是朗‧霍華的一句經典名言。他在《哈佛商業評論》（*Harvard Business Review*）的 IdeaCast 播客節目訪談中，有更多關於這個概念的內容（2014 年 11 月 20 日，〈做出好決策〉〔Making Good Decisions〕）。
4. 一般認為這句話是倫永說的，但他表示這是一位重要體育作家修‧基奧夫（Hugh E. Keough）說的。

02
做出最好的選擇：
決策品質的必要條件

我不是周遭環境的產物。我是自己決策的產物。

——史蒂芬‧柯維（Stephen R. Covey）

決策是我們塑造未來最強大的技能。在人生中做出好決策，是實現我們理想生活的重要關鍵。在行動之前判斷決策的品質，我們必須了解決策的本質與元素。每個決策都可以拆解成六個不同要素，而且每個要素都必須達到優質，以下是構成好決策的六大必要條件：（一）適當的設想框架。（二）有創意的替選方案。（三）確實可靠的相關資訊。（四）清楚的價值與取捨。（五）完備周全的推理。（六）行動的決心。

設想框架具體說明我們要處理的問題或機會，包括要決定的內

容是什麼。除了設想框架之外，還有三件事必須說明清楚：**替選方案**明確定出我們能做什麼；**資訊**代表我們知道與相信的東西（但無法控制）；**價值**代表我們想要和希望達成的目的。這三項合起來就形成了**決策基礎**。而結合這三項的**推理**，引導我們根據自己想要的（價值）以及我們所知道的（資訊），做出最好的選擇。透過推理，幫助我們了解自己應該做什麼，得出清楚明確的意圖。不過，意圖沒有什麼實用價值。真正的決策，必須付諸行動。因此，**行動的決心**必定是決策不可或缺的一環。

好的決策需要以上這些條件都達到優質等級。這一章將針對每一項必要條件簡單說明。當六大條件都具備，就是達到了決策品質（DQ），亦即高品質決策的終點。這六項條件都是 DQ 必備的，如果有一項沒有達標，那麼決策就不可能有高品質，因為決策的整體品質不可能優於六大必要條件中最弱的一項。因此，把 DQ 想像成有六個環節的鎖鏈能幫助讀者更好地理解（圖 2.1）。[1] 盡可能提高每個環節的品質，可確保最後得到好決策。

作為決策者，必須從一開始就清楚了解 DQ 的終點。當然，每個決策都有後續影響，或者說結果。在不確定的世界做決策，我們無法充分掌控後果，這意味著好的決策可能出現好結果或壞結果。不過，只要滿足 DQ 的必要條件，至少我們在決策的當下能知道自己做了高品質的選擇。

圖 2.1　決策品質鏈

勝算一：適當的設想框架

決策設想框架可以回答一個問題：「我們要處理的是什麼問題（或機會）？」良好的框架由三個要素組成：（一）做決策的**目的**；（二）決策**範圍**，要納入什麼內容、排除哪些東西；（三）我們的**觀點**，包括我們的看法、希望如何處理決策、需要什麼樣的對話，

還有和誰對話等。如果有超過一方參與決策，商定有共識的設想框架是最基本的。

決策問題的框架可以廣泛也可以狹小。設想框架廣泛的決策可能涵蓋的時間長遠，影響的利害關係人眾多，而且會牽涉到許多問題。比方說，一家公司的新產品上市策略決策，牽涉到生產製造、行銷、配銷、定價、顧客結構分布。範圍與複雜情況達到這種程度的決策，就屬於廣泛的設想框架。

反之，設想框架狹小的決策焦點較小，例如公司發送郵件廣告型錄的銷售計畫表。這個決策牽涉到的人員、部門、資源較少，而且利害風險比起新產品上市相對低很多。

最適合情勢狀況的就是適當的設想框架，不會太小也不會太大。要注意的是，這裡稱為「適當的」框架，而不是「正確的」框架，因為任何決策都沒有最好的框架。不過，找出最適合情況的框架極為重要。如果框架錯了，就等於是在解決錯誤的問題，或是以錯誤的方式應對潛在機會。

勝算二：有創意的替選方案

替選方案是眾多可能行動方針之一。替選方案具體指出我們可以做什麼。沒有替選方案，就無從做決策。DQ 需要有好的替選方案。如果列入考慮的替選方案沒有創意或說服力，就應該花時間與心思創造更好的方案，因為這可能帶來更多價值。

替選方案可能是因單一決策而出現（例如，從智慧型手機 A、B、C 當中選擇），也可能是更複雜的策略，就像是一系列的決策。「有機成長」或「併購成長」就是策略型的例子，當中包含了如何成長、併購對象、如何累積能力、提供什麼樣的產品及服務、如何定價等許多相互關連的不同決策。

　　多數的團體組織通常沒有做到創造豐富的替選方案，只是單純討論究竟要接受還是拒絕某一項提案。這種方法的問題是往往只揪住容易取得、熟悉，或是與自身經驗完全一致的想法。比方說，他們在決策過程中可能做出一份詳盡的提案：「我建議派一個五人小組進入魁北克市場，並在接下來一年發展當地的經銷商關係。我有和魁北克一家著名經銷商合作的經驗，所以我們先來擬定和對方合作的主要經銷協議。我的團隊已經準備好著手進行。可以這個星期就開始動作嗎？」這樣的思維可能導致群體在產生並討論替選方案之前，就著手推動一項決策了。

　　比較好的方法是提出幾個不同的行動方針。例如：「基於我們一致同意、希望在魁北克擴大銷售的框架，我找出進入魁北克市場的三個替選方案。每一個方案都有明顯差異，我們應該比較它們各自的風險與報酬可能性，再決定選擇哪一個繼續進行。」

　　花時間產生替選方案很重要。我們必須提醒自己，**單一項決策不可能優於最佳替選方案**。

勝算三：確實可靠的相關資訊

要了解每一個替選方案的可能結果，絕對不能少了確實可靠的相關資訊。相關資訊是我們所知道、想知道、應該知道，所有跟決策結果有關的重要訊息。確實可靠的資訊，指的是可以信賴、客觀中立、來自權威來源的消息。

決策事關未來，而未來本就難以預料。因此，我們必須學會正確處理不確定性[2]，才能做出好決策。面對不確定的情況，與決策有關的資訊就必須以可能性（具體特定的可能結果）和機率（它們發生的機會）來表達。這意味著要跳脫模糊的描述，例如：「這個新科技成功的機會很大。」決策者需要更具體有用的東西，例如：「根據我們找到的資訊，以及該領域三位專家的最佳評估，我們認為這項科技有70％的機會成功，而且明年初我們的新產品就能用上了。」注意，這段話包含了明確界定的可能性以及發生的機率。可惜，資訊的呈現通常不會包裝整理得這麼簡潔俐落。為了對未來結果及其機率得出可靠的判斷，我們必須蒐集事實（關於過去和現在）、研究趨勢、訪問專家等等，同時避免偏誤與決策陷阱的扭曲。

沒有確實可靠的相關資訊，決策者有如在黑暗中飛行。

勝算四：清楚的價值與取捨

價值描繪的是我們想要什麼，也就是我們在乎或比較喜歡的事

物。在決策的脈絡下，價值有時候又稱為偏好（preference）。當我們有清楚的價值可以用來評估每個替選方案的優點，最容易達成優質的決策。在商業界中，價值通常可以用金錢貨幣衡量，比如股東價值。至於其他決策，可能諸如「未來人生的生活品質」或「荒野保留地數量」等非金錢價值才重要。

雖然倫理道德界線也算是價值的一部分，但在 DQ 的背景下，會直接放在決策的框架中，而不是明確地列為價值必要條件。道德標準就此成為決策框架的　部分：違反道德界線的替選方案，都不能納為選項。

想從一項決策中獲取多種價值並不是什麼稀奇的事，例如提高股東價值、正面的品牌影響力、環境永續可能都很重要。如果有一項替選方案就能提供所有想要的東西，在替選方案中做選擇就很容易，但這種情況相當少見。因此，決策者必須做出取捨。他們必須做出決定，評估自己對某一項價值願意放棄到什麼程度，以獲取更多的其他價值。

對於決策中的價值與取捨如果沒有清楚認識，就不可能選出最理想的前進路線。

勝算五：完備周全的推理

替選方案、資訊、價值，形成了決策的基礎：我們能做什麼事，我們知道什麼訊息，我們想得到什麼。完備周全的推理將這些

整合起來，並說明如何以我們擁有的資訊，尋找出能最大程度實現我們需求和目標的替選方案。根據完備推理得到的結論，可以用合理的論據清楚表達和辯護：「我選擇這個替選方案，是因為涉及的不確定性較少，回報的前景也比其他方案高。我利用以下的數據和分析工具篩選出這項替選方案……」

在不確定因素關係重大時，完備周全的推理就得仰賴工具，例如決策樹和龍捲風圖（tornado diagram），這些稍後會介紹。由於人類的天生設定，我們無法在攙雜了不確定性的情況下，憑直覺可靠地做出最佳選擇。試想看看，有多少人可以永遠正確判斷出雜貨店的結帳隊伍哪一行比較短，或者哪一檔股票會升值，還是哪個產品上市會大受歡迎？在不確定因素有關鍵作用的情況，決策者需要推理工具來整理篩選。

勝算六：行動的決心

前面五項 DQ 必要條件都處理到位，達到高品質水平後，具有最大價值的替選方案就昭然若揭了。我們已經弄清楚意圖，但這還不夠。要創造真正的價值，決策必須以行動總結。沒有實際有效的行動，投入決策的所有時間和心力都白費了。

在商業界，決策者通常不是執行者。在換手交接給執行者之際，流失大量決策價值的情況稀鬆平常，而且令人意外地容易發生。如果在決策過程，沒有充分考慮到執行面的挑戰和資源需求，

後端執行時肯定會出現問題。

　　大部分的情況，是在前端決策工作時就納入合適人選，來實現行動的決心。合適人選必須包括有權力和資源投入決策並堅持到底的人（決策者），以及願意依照要求行動的人（執行者）。

現在就做好決定！判斷決策品質

　　決策品質的六大必要條件或許看起來像是常識——確實也是如此，但常識並不等於常規做法。經年累月地觀察商界的企業決策，本書作者及同事得出結論，DQ 的六大條件如果有一項以上沒有做到，就會導致決策失敗。比方說，一個團隊除了設想框架以外，其他事都做對了，他們可能做得很好，卻是解決了錯誤的問題。如果決策者其他都做得很好，但是用了不可靠的資訊，得到的決策就是「垃圾進，垃圾出」這句諺語的例證。仔細檢視決策鏈上的每個環節，就能看出哪裡可能出現種種不同的紕漏。任何一個決策條件的品質拙劣，都會導致品質拙劣的決策。

　　運用 DQ 六大必要條件的優點是，在**做出決策的當下**就可以用來判斷決策的品質，不必等上六個月或六年，評估結果後才宣告決策的品質。既然這條決策鏈上最脆弱的環節決定了決策的品質，我們在決策前就必須問自己：「我們給每個必要條件打多少分？下決定之前是否有一項或多項需要改進？」要回答這些問題有個好用的工具，就是圖 2.2 顯示的 DQ 滑尺量表。

在這個量表中，100％是表示進一步改善所需要的成本臨界點，也就是說，到了這個程度，不值得再耗費力氣或延遲進度來追求進一步的改善。到了 100％，為了改善該項決策條件，額外付出的成本效益不符合其附加價值。因此 100％並非盡善盡美，而是要判斷改善決策的增量成本是否大於增加的價值。另外，這個 100％的分數因決策而異。以家庭度假的決策來說，每項要素都達到100％，可能比制定企業成長策略的決策簡單得多。稍加訓練，決

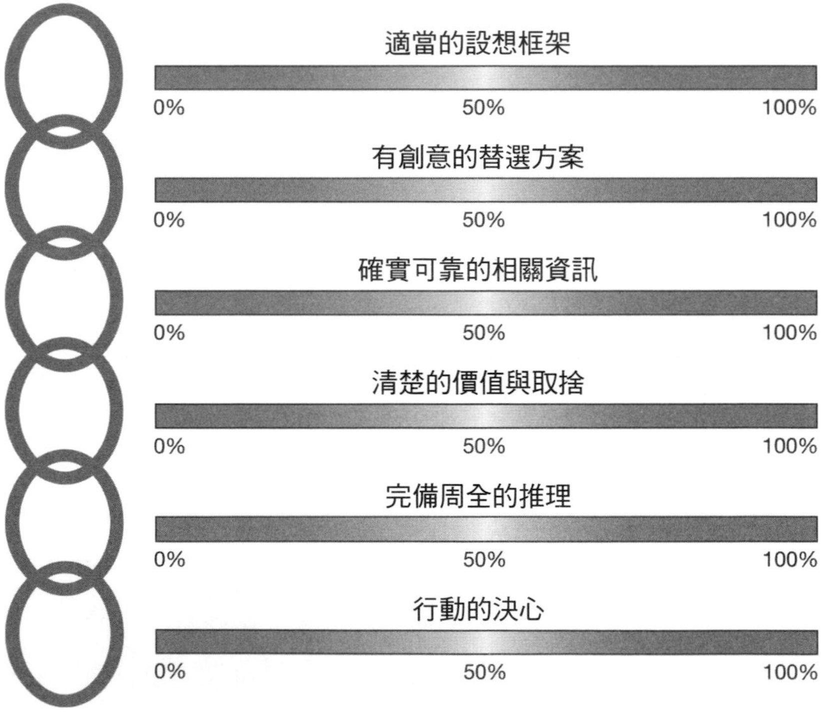

圖 2.2　DQ 滑尺量表

策者就能判斷出合適的 100% 分數。如果涉及多方，多人判斷上的差異更能引發富有收穫的深入討論，特別是其中有幾方認為還要繼續投入努力，而其他人卻認為已經達到量表 100% 的情況。

抉擇之前，重點是細察 DQ 的每項必要條件，並判斷是否值得多花心力。如果改善後增加的價值大於耗費的時間與資源成本，那就應該在決策之前做這些改善。等到所有決策要素都百分之百到位了，就是時候該做出優質決策，並付諸行動。因為 DQ 的目標已經達到。

* * *

正如前面說過的，DQ 的必要條件符合一般常識，但這種普通常識的例行應用卻不常見，特別是在決策複雜又沒有把握、而且牽涉到許多人的時候。若沒有經過系統性地努力，人類大腦的天生設定就是無法達成優質的決策。首先，我們必須了解自己努力的方向。本章概略敘述了如何找出 DQ 的終點，但我們仍需要高效率的有效流程才能達到終點。第 3 章會概略說明實踐 DQ 終極目標的方法。本書第二部分將更深入探討 DQ 六項必要條件，以及如何判斷其品質。第三部分的重點會比較側重達成 DQ 的流程，以及流程設法避免的決策偏誤，至於第四部分則會探討通往 DQ 的決策旅程。

關鍵重點

- 一個高品質的決策,對 DQ 的六項必要條件各有一組 100％的品質評分。

- DQ 的六個必要條件是:(一)適當的設想框架。(二)有創意的替選方案。(三)確實可靠的相關資訊。(四)清楚的價值與取捨。(五)完備周全的推理。(六)行動的決心。

- 決策的品質取決於決策品質鍊最脆弱的環節。

- 做出選擇之前,決策者應該判斷每項必要條件的品質,並確定付出更多努力得到的價值是否超出成本(包括時間與資源)。當六項必要條件都達到量表的 100％,就是滿足決策品質了,換言之,就成本來看,額外多做的努力不值得繼續投入。

- 有這六項必要條件,就能在「做出決策的當下」評斷決策的品質。

- 如果沒有刻意訓練,人類大腦天生設定的思維方式無法達成 DQ。

注釋

1. 決策品質鍊是 1980 年代中期由 SDG 創造。決策品質鍊及對話決策流程(稍後的章節會介紹)是 1991 年 4 月 30 日,在加拿大多倫多舉行的國際規畫論壇研討會上,由卡爾・史佩茲勒及文斯・巴拉巴(Vince Barabba)提出來的(相關資料可在 SDG 網站下載)。決策品質鍊與對話決策流程的內容,1998 年由當時的 SDG 同仁大衛・馬特森(David Matheson)與吉姆・馬特森(Jim Matheson)撰寫成書,發表為《聰明組織》(*The Smart Organization: Creating Value through Strategic R&D*)。這本書以 DQ 為焦點,尤其是以研發密集的組

織為背景。

2. **不確定性**這個名詞指的是，我們對未來的所知有限，因此只能以可能性和可能性的機率來表達我們的理解。有些人會用**風險**這個名詞來代表可用機率量化的不確定結果，**不確定性**則用在不能以量化方式表達的情況。只要用心，就能用可能性和機率來描述我們所知的程度。有些時候，可能不值得付出那麼多努力，這時候就用模糊的質性用語來描述不確定性。不過，以高品質決策來說，影響重大的重要不確定結果應該加以量化，而且有現成的可靠技巧可以做到。因此，用**不確定性**這個名詞來描述機率無法量化的結果，就沒有太大用處。

其他時候有人會用**風險**這個名詞，來表示有負面影響的不確定結果。不過，不確定的結果可能有正面或負面的影響，因此這樣的**風險**定義並不好用。近來，風險管理圈子嘗試重新定義**風險**及**風險因子**，納入有利的機會，卻導致認知更加混亂。

本書用**不確定性**這個名詞來描述所有可能性，包括有利和不利的可能性。

03
聰明人的第一步：
走向決策品質

領導者的首要作用就是召集適當的團隊……其次是確保做
出決策。

——傑克・多西（Jack Dorsey）

（Twitter 與 Square 創辦人[1]）

　　領導力的核心，就是召集合適的人做出優質的決策。前一章將
優質決策定義為 DQ 六項必要條件分別達到 100％，100％就是不
值得為了進一步改善，額外多花心力或延遲進度。主要問題是：實
現 DQ，必須做到什麼？在處理這個問題之前，先退後一步思考決
策從哪裡來，或者說決策的需要從哪裡來，對我們大有助益。

明確宣告有決策需求

通往 DQ 的旅程，始於有人宣告必須做出一項決策。需要決策的情況一天下來比比皆是，大多數是平凡瑣碎不費力。比方說，三個同事聚在一起，其中一人看著手錶說：「快到中午了。我們要去外面吃午餐，還是叫外送。」或者駕駛開車開到岔路口，必須決定向左走還是向右走。其他情況則會帶來更深遠的後續影響，需要更多時間和更深入的思考。不過，公開「宣告有決策需求」的這個行為，將會觸發所有後續行動，就像執行長表示：「現在越來越多新的競爭對手進入市場，我們必須改變客戶目標和定價。我希望行銷總監好好研究目前情況，並回報這個重大決策後續進度。」

無論決策是強加給我們的，還是我們自己發想的，無論是出於危機還是機會，宣告有決策的需求能集中我們的注意力，專注在這件任務上，並觸發後續一系列的行動。許多時候，還會促使人做出其他相關決策。想知道為什麼，不妨想像一下，一名銷售業務員剛從現場寄了一封電子郵件：「老闆，我在客戶的總部。他們使用我們新的生產線控制軟體時，出現重大問題。他們的技術長聲稱是我們的軟體有程式錯誤，導致他們的生產線關閉。他正大發雷霆！」

老闆因而開始有下列一連串的思考：「問題是出在我們的軟體，還是客戶安裝不正確？我們必須找出問題來。如果問題出在軟體，我們必須決定如何處理，以及如何補償那位客戶。同樣的新軟體已經出貨給其他五家客戶。我們應該立刻提醒其他人有這個問題

嗎？還是應該先找出問題的源頭，再組個團隊修補處理？不管是哪一種，參與的最佳人選是誰，以及我們應該如何解決這個問題？」

這家軟體公司顯然必須做許多決策，宣告現在有決策需求就是領導力的其中一種行為——這種行為是像本章引言人傑克・多西這類等級的領導者應該有的。

當然，瞬間就能做完的小決策，就不需要宣告這個動作了。我們每天做出的小決定不勝枚舉，像是要穿什麼衣服出門、要不要接起正在響的電話、上班要走哪條路線等例行的小決定。這些日常決定不是本書的重點。DQ 的確可以幫助我們建立更好的習慣，來完成這些快速的小決定。但是 DQ 最有用的地方在於那些會塑造我們的人生與事業成就的決策，例如該選擇從事什麼職業、接受什麼樣的治療方案、如何發展一家跨國公司等。這些決策需要深思熟慮，並且關注品質。

宣告有決策的需求，能將我們的注意力導向必須慎重做選擇的情境，而這樣的宣告就啟動了決策機制的運轉。

設定決策議程

我們應該宣告哪些決策？哪些決策是我們應該先處理的？我們需要在多短的時間做出決策？有些人只是隨波逐流，在決策出現時才被動地給予回應。有些人則會採取比較有計畫性的積極態度，主動擬定一套**決策議程**。決策議程會規畫出需要做哪些選擇、按照怎

麼樣的順序、要在多長的時間內完成，以便能夠針對最重要的決策適時採取行動。以商業界來說，積極主動的領導者會設定決策議程，引導並凝聚整個組織成員的注意力，確保事情有被正確處理。比方說，一家科技公司領袖的決策議程，可能包括決定重大新產品上市、有前景的研發計畫、迫切需要的生產方式升級。有意識地發展這樣的議程並定期更新，對我們的人生和組織的發展軌道可以有更大的掌控。一個組織第一次建立決策議程時，可能會有些已經積壓一陣子、或是需要立刻做出決定的決策。等到這些積壓的決策全部清空後，決策議程就能提供一個以系統化工作流程處理決策的方法。當然，決策議程必須定期更新也必須修訂，因應其他意想不到的事件和干擾。

那麼，一旦宣告了對具體決策的需求，我們要做什麼才能實現DQ？

了解決策品質的目標

決策有各種類型與規模，但都有一個共同點：最佳選擇創造出最大的潛在可能，幫助我們得到真正想要的結果。要找出那個最佳選擇，必須達到決策品質。我們必須認清，DQ 就是終點。很顯然，如果我們根本無法想像或描述出終點的輪廓，那就不可能抵達終點。同樣地，如果我們抵達終點了，卻沒有辨認出這就是 DQ，那我們也不能信心十足地說：「我們成功了！」

大部分有關如何決策的書完全忽略了這一點。有些廣為流行的方法將焦點集中在避免常見的決策圈套，有些則給出具體的流程以供遵循。這些或許有用，但無論避開了多少圈套、進行了多少流程步驟，除非體認到 DQ 是我們的目標，並以 DQ 必要條件來評量我們的決策，否則根本無從知道我們是否真的做了好的選擇。想像一下，有人要從紐約開車到多倫多，避開交通高峰期、道路施工、暴風雪等隱患，這是很好的建議。而比如油箱剩下四分之一的時候該加油，或者保證大致的行進方向是朝向西北，這些流程步驟也有幫助。但是這些提示並不能讓駕駛抵達多倫多。還需要更多。

　　打從一開始就必須了解目標，而這代表要能判斷 DQ 六項必要條件的品質，並且能看出什麼時候應該花時間或心力改善每項決策要素。

避開決策陷阱與偏誤

　　就算目標清楚也有充分了解了，通往目標的道路依然可能布滿了侵蝕決策品質的決策陷阱。複雜性就是其中之一。人類大腦可以在瞬間處理大量資訊，並且在許多時候引導我們採取適當的行動。但是儘管有這樣的腦力，卻幾乎無人只用大腦就能解決有四個未知數的四個方程式。最重要的決策又比這更複雜，尤其是不確定性高，價值與取捨錯綜複雜，替選方案多如牛毛，需要多回合決策的情況。複雜性的存在，會讓人忍不住想簡化一切，走捷徑，滿足於

快速、「過得去」的選擇。因此當有人說，「只有兩條路可走：抓住這個機會，不然就置之不理。」許多人就會如釋重負地接受這個看法，因為只從兩個替選方案中選擇相對容易。哪怕只要稍加努力就能產生其他更具吸引力的替選方案，進而得到最佳決策，而不是只有一個還過得去的決策，這種情況還是會發生。可惜，「過得去」的決策幾乎都會留下大量應得卻錯失的價值。

不僅如此，還有許多和人類行為有關的決策陷阱。根據行為科學家記錄，人類大腦的認知作業中有超過二百種偏誤，會導致懷抱善意的人在通往 DQ 的路上失足犯錯。例子繁多，包括沒有仔細檢驗假設、陷入團體迷思，以及駁斥與現有想法牴觸的證據。（第 10 章與第 11 章將會加強介紹更多侵蝕決策品質的具體偏誤，並提供避開偏誤的實用工具。）偏誤與其他思考陷阱巧妙隱藏在我們的無意識心理和組織文化，並在無形中滲透到我們的思考習慣中。

當這些偏誤影響決策會發生什麼事呢？以行動為導向的經理人與高階主管，在沒有充分資訊的情況下倉促做決定，或是將團體共識與真正的 DQ 混為一談。習慣會慫恿人將艱難的選擇拉入舒適區，也就是他們專精的領域，即使這樣做並不恰當。就像諺語說的，「對榔頭來說，所有東西看起來都像釘子。」避免陷阱和偏誤是良好決策必要且重要的一部分，但只有迴避是不夠的。DQ 需要的不只是巧妙閃避人性的弱點。

對抗思考陷阱與偏誤的最佳武器，以及達成優質決策的最佳方法，就是嚴守紀律地達成 DQ 的六項必要條件。評估每項必要條件

的狀況並提升到 100%，通常是辛苦費力的工作，但是投入的思慮和精力將帶領我們跨越路途上許多坑坑洞洞，成功抵達理想終點。

診斷決策情境，量身打造決策流程

除了最簡單的選擇和快速完成的小決定以外，在生活與工作中，我們做的很多事情都會有其流程，DQ 也不例外。實現 DQ 需要一套流程。不過，做出好決策並沒有共同一致的最佳流程或步驟可以遵循。流程必須根據情況擬定，更具體地說，是根據情況的量級（或重要性）和複雜程度，以及本身的難度而定。比方說，收購一家供應商的決策，可能牽涉到 7,000 萬美元的費用。這個決策的量級就高於聘用一名中階主管的決策。收購的決策也複雜得多，需要財務專家、律師、營運及資訊科技經理，還有人力資源部門。因此必須先診斷決策情境，就像醫生先診斷病人的狀況，才能制定治療方法。

在診斷階段提問可以幫我們了解應該怎樣處理決策。決策的目的是什麼？為什麼重要？應該有誰參加？決策為什麼困難？這些問題的目的是從五個面向了解決策的「本質」：量級、組織複雜性、分析複雜性、內容挑戰、可能遇到的決策陷阱。藉由了解決策的本質，可以判定要採用哪一類決策流程，以及是否該尋求決策專家的協助，他們所受的訓練就是在複雜的決策情境中提供協助。以下五種面向可作為有效可行的檢查清單，用來診斷決策的本質。

量級

決策本質的第一個面向是量級。我們可以將決策的量級分為三類：快速型、重大型、策略型。快速的決策就是日常選擇還有緊急情況。這類決策先前提過，像是今天午餐要吃什麼？應該花多少時間處理電子郵件？聞到煙味應該怎麼做？這些都是歸在快速型的類別。我們每天要做出幾百個快速決策，通常是不假思索在短時間內或無意識就完成了。之所以說快速，是因為輕鬆容易，不值得多花心思或拖延，或者需要立即就做出反應，比如緊急情況。以這類型決策來說，決策流程是反射性的，決策品質取決於模式化的直覺能力，而這些能力可以靠經驗和訓練來加強。例如，新手駕駛的快速決策鮮少能比得上經驗豐富的駕駛，後者有多年養成的模式辨識和訓練有成的良好駕駛習慣。快速決策是當下就做，不需要用到重大決策及策略決策要求的審慎思慮，而重大決策及策略決策才是本書的重點。至於非常重要的快速決策，像是緊急情況，則需要透過模擬和經驗來訓練我們的本能反應，才能達到決策品質。培養決策適應度和良好習慣，是個重要課題，但不在本書的討論範圍。[2]

重大決策多少有些複雜，但不是非常重要，或者說它們重要但相對簡單。決定一項計畫如何分配團隊資源，或者是否接受供應商的提案，或許就歸屬在這個類別。這些決策可能一星期出現好幾次，通常需要幾個小時來解決，往往還要開上幾次會議。重大決策達成 DQ 的流程，應該包含適度的審議研究，利用紙筆將 DQ 六大

必要條件當作檢查清單，同時避開決策陷阱。

重大決策之上還有更大的決策：策略決策。這類決策複雜度性跟重要性都很高。因為後果影響深遠，所以策略決策是 DQ 最為要緊的決策。我們不會希望這些決策走捷徑，也承擔不起被偏誤或其他心智陷阱帶偏了方向的後果。策略性抉擇沒有達到 DQ 將付出高昂代價。以下是幾個策略決策例子：

- 「我們應該捨棄現有的技術，追求新的技術嗎？」
- 「製片廠今年有 9,000 萬美元可以製作電影，現在有十部不錯的劇本。我們應該在哪一部下注？」
- 「公司發展已經超過產能。我們應該增加更多生產能力，還是將部分生產外包，或者捨棄一些低利潤產品？」

決策者不時會面臨像這類影響深遠的重要決策。一般來說，這種複雜又難以抉擇、還牽涉到許多不確定因素的決策出現頻率不高。這類決策可能事關投入不可逆轉的大量資源，或是確立一個業務單位未來數年的方向，或許還會有意料之外的重大後果。策略決策要達成決策品質更需要嚴加努力，使用正式的流程和分析工具，才能做出優質決策。

藉由將決策的量級分成快速型、重大型、策略型，就可以大致選擇出決策方法和應該投入的心力和資源程度，如圖 3.1 所示。

圖 3.1 決策量級分析表

決策量級	數量及持續時間	需要什麼？
策略型： 重要程度高，而且非常複雜	**極少：** 需要花費數天、數週，或數月決定	**嚴謹的審慎思慮：** 應用正式流程及分析工具來達成 DQ
重大型： 重要但「容易」，或者複雜但不是特別重要	**有一些：** 幾小時內決定	**適度的審慎思慮：** 利用紙筆，以 DQ 六大條件為檢查清單；在過程中避免決策陷阱
快速型： 次數頻繁或者瑣碎的日常選擇；緊急狀況	**很多：** 瞬間決定	**無意識自動化：** 培養決策適應度和良好習慣

組織與分析的複雜性

決策的量級愈大，複雜性可能就愈高，這兩者往往共伴相隨。複雜性造成決策困難，基本上表現在兩方面：

組織複雜性：通常是人事問題造成的。各方利害關係人的利益與價值可能有牴觸。關鍵決策者的自我意識或性格可能有衝突。參與者對問題或機會的設想框架或許各有己見。組織文化可能對自家提出的替選方案有偏見。團體迷思可能扼殺不同意見和實證證據。在組織複雜程度高的情況，需要圓滑老練的協調人。

分析複雜性：會發生這種情況，可能是因為決策需要面對糾結混亂的不確定因素、有許多替選方案可供選擇、需要考慮多種價

值，或者形勢有多方面存在動態連結關係。分析複雜性高，就需要搭配分析工具輔助。

　　了解決策在組織與分析方面的複雜性，有助於判定需要什麼樣的決策支援和工具種類。正如圖 3.2 所顯示，分析與組織都不複雜的決策情境，需要的不過是普通常識和經驗。不過，這兩者中只要有一項複雜性增加，就會提高決策困難程度，對我們的要求也會跟著增加。一個組織複雜程度高、但分析複雜程度低的決策，有效的

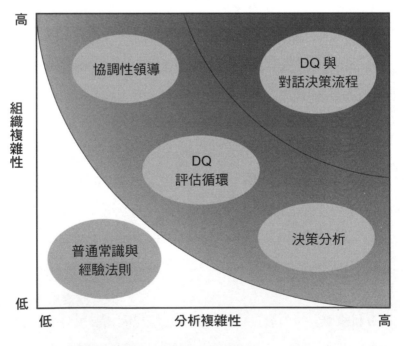

圖 3.2 不同複雜程度適用的決策工具和流程

協調性領導會有幫助，由一個熟練的協調者帶領團隊，透過精心選擇的決策流程引導眾人產生共識、達成一致。分析複雜程度高、但組織複雜程度低的情況，則需要決策分析工具，致力於仔細建構及分析那些會受不確定因素影響的情況。[3]

在圖形中間、兩種複雜性都屬中等的地方，則是使用 DQ 評估循環（DQ Appraisal Cycle），列出要持續反覆努力改善的項目順序。這個再三重複的流程是將 DQ 的六項必要條件當成檢查清單，以判斷各項目距離 100％還有多大差距，並判定需要做什麼來縮小差距。這個流程在第 13 章會有更詳細的說明。[4]

如果是策略決策，而且分析和組織兩種層面都是複雜的，那麼對話決策流程（Dialogue Decision Process, DDP）就是特別好的工具。對話決策流程是一個條理分明的流程，包含兩個團隊的對話：少數的人（或只有一個人）有權力決定和分配資源，通常稱為決策委員會（decision board）。而比較多人的另一組成員則是具備內容專業、分析技巧，以及／或者負責在做出決策後付諸行動執行。這個專案團隊負責為決策委員會做大部分的準備工作。兩組團隊之間的對話會根據情況調整、制定，重點放在關鍵的可交付成果，以確保達成 DQ。關於對話決策流程的基本要素，在第 12 章將會進一步說明。

內容挑戰

特定決策的主題或內容，也會給達成 DQ 的方法帶來挑戰和影

響，例如內容可能非常複雜或難以接觸到相關情報。有時候，相關數據和專業知識很難取得，或者根本不存在。這時可能就需要具備高度專業知識的主題內容專家（subject matter expert, SME），蒐集複雜的專業資訊，進行分析、建立模組、解讀。這些主題內容專家未必隨時都能找到，而且他們也不一定會同意合作。然而，這些內容相關的挑戰在策略決策中很常見。比方說，有一項準備在新國家銷售產品的策略決策，若是不了解報關的法律要件、市場的潛在規模、新顧客群的喜好，這項決策是做不出來的。找到適當的專業知識可能很容易，也或許非常困難，但是缺乏確實可靠的內容資訊，很可能會導致決策失敗。

可能遇到的決策陷阱

決策本質的最後一個面向，與可能遇到的決策陷阱和偏誤有關。這個決策處理的是否為熟悉領域，而且這個領域中最常見的決策陷阱已經被充分了解，而且經常成功獲得補救？如果是，那麼只要採取適當的行動抵銷偏誤，就能預料不會有什麼意外。如果這個領域不太熟悉，那麼可能就會有比較多問題，也比較難發現。在這種情況下，應該在決策流程中加入仔細搜索潛在偏誤和可能的決策陷阱，以及解決這些問題的方法。這些主題會在第 10 章與第 11 章進一步討論。

配合決策制定下一步

這個討論的基本論點就是，決策不能一體適用，決策流程必須根據決策情境調整制定。不過，有效的決策流程有幾個共同特點，首先是有意識地宣告有決策需求，從這個重要的開端開始考慮將來的目標：「我們將以完整的決策流程進行，並準備好在達到 DQ 六項必要條件時做出最佳的決定。」

有了決策情境的診斷結果，我們就會了解決策有多大（量級）、多複雜（包括組織與分析）、內容是否容易取得、偏誤和決策陷阱的問題可能有多麻煩。決策本質的各個面向總結在圖 3.3

這些診斷能幫我們回答以下問題：「應該選擇什麼樣的決策流程，以及應該如何根據情況制定？」如果決策的各個面向落在圖 3.3 的左邊，那麼 DQ 評估循環就有幫助。如果有幾個面向落在右邊，那麼對話決策流程比較合適。無論是哪一種，流程都必須針對決策的具體挑戰而量身設計。比方說，如果內容是主要挑戰，DQ 評估循環可以擴大納入與專家的密集互動。其他情況下，面對分析複雜性有限的複雜策略決策，可以縮短對話決策流程。

診斷階段回答的第二個問題是：「情況是否複雜，而且困難到需要專業人士的協助？」格局宏大的重要複雜決策，可能需要決策專家協助引導流程。訓練有素的決策專家會帶入有效的協調引導技巧，處理組織複雜性，也會應用強大的工具處理不確定因素和其他分析難題。但他們首先要協助的是設計適合決策的流程。

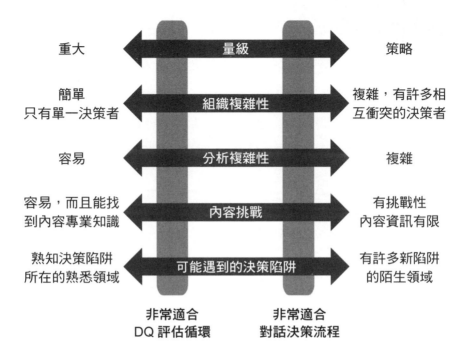

圖 3.3　診斷決策本質的五個面向

* * *

　　任何有效決策流程的目標都是為了達成決策品質。第 2 章已簡短介紹過 DQ 的六大必要條件，進入本書的第二部分，將更詳細介紹每個決策要素，以及如何判斷其品質的深入見解。

關鍵重點

- 「宣告有決策的需求」是有意識且深思熟慮的領導行為,其行為會觸發後續行動。
- 決策議程為重大決策及策略決策提供了系統化的工作流程圖。
- 良好的決策流程必須體認到 DQ 是終極目標。
- 通往 DQ 的旅程可能遇到決策陷阱與偏誤。
- 複雜性與固有的難度會讓人忍不住想要簡化、走捷徑、滿足於還算過得去的快速選擇。但這樣做會錯失許多價值。
- 避免決策陷阱和偏誤的最佳方法,就是覺察常見的偏誤,以及嚴守紀律地實踐 DQ 必要條件。
- 決策流程應該根據決策的本質調整制定:量級(快速型、重大型、策略型)、複雜性(組織與分析)、內容挑戰,以及可能遇到的決策陷阱。
- DQ 評估循環是以決策品質的必要條件作為檢查清單,循環重複,可以針對量級不高且複雜程度低的問題加以調整。
- 對話決策流程是決策委員會與專案團隊之間精心建立的結構化互動,是處理複雜策略決策的有效方法。
- 處理複雜且困難的策略決策,最好借助決策專家。

注釋

1. 凱伊・瑞斯達爾（Kai Ryssdall）訪問傑克・多西，2015 年 5 月 21 日 *Marketplace* 播客節目，https://www.marketplace.org/shows/marketplace/marketplace-thursday-may-21-2015/。

2. 快速決策的更多內容，請參考蓋瑞・克萊恩（Gary Klein）的《直覺的力量》（*The Power of Intuition: How to Use Your Gut Feelings to Make Better Decisions at Work*）。另外可參考麥爾坎・葛拉威爾（Malcolm Gladwell）的《決斷 2 秒間》（*Blink: The Power of Thinking Without Thinking*）。決策者如果遇到自己的專業領域或是緊急情況，可以借助模式辨識模型做出快速決策。有些時候，這些模型運作相當良好有效。我們可以改進自己的快速決策習慣，不過，應該深思熟慮的決策，就不應當用直覺判斷。直覺決策和審慎決策各有各的地位。最重要的決策技巧就是學會停下來思考，懂得選擇出最適當的方法。

3. 有關決策分析的教科書，可參考羅納德・霍華（Ronald A. Howard）與阿里・阿巴斯（Ali E. Abbas）的《決策分析基礎》（*Foundations of Decision Analysis*）。有關決策分析應用的更多內容，可參考彼得・麥克納米（Peter McNamee）與約翰・賽羅納（John Celona）的《企業決策分析》（*Decision Analysis for the Professional*）。另見葛瑞格利・帕奈爾（Gregory S. Parnell）等著的《決策分析手冊》（*Handbook of Decision Analysis*）。

4. 博學多聞的讀者大概看出來了，DQ 評估循環包含了朗・霍華最早在 1966 年一篇影響深遠的論文中，提出的決策分析循環概念。見朗・霍華〈決策分析：應用決策理論〉（*Decision Analysis: Applied Decision Theory*），《第四屆運籌學國際研討會紀錄》（*Proceedings of the Fourth International Conference on Operational Research*）。

Part II

超級勝算的
六大金律

The
Six Requirements
for DQ

第一部分已經概要敘述 DQ 架構，包括簡短介紹 DQ 的必要條件。第二部分將更深入分別討論這些必要條件。每一章會詳述一項必要條件，介紹相關的實用工具，並說明在做出決策之前，如何判斷該必要條件的品質優劣。每章討論最後都會以「實戰」案例做結尾，根據的是決策專家在各行各業的商務決策中應用 DQ 的經驗。

04
適當的設想框架

一個問題說明得清楚明白，就解決一半了。

—— 查爾斯‧凱特林（Charles F. Kettering）

一個適當的設想框架能回答這個問題：「我們要處理的是什麼問題或機會？」我們在處理決策時，這個基本問題往往沒有清楚的答案。我們常常沒能為決策確定一個清楚的目標，或者沒有清楚地意識到自己的假設，又或是沒有考慮到我們試圖解決的問題的界限在哪裡。如果決策牽涉到其他人，我們不會和重要的利害關係人分享自己的觀點，特別是那些跟自己立場對立的人，我們反而是不假思索地下意識認定一種框架，一頭栽進去解決自以為明瞭的問題。

愛因斯坦說：「如果我有一個小時用來解決一個問題，我會花五十五分鐘思考問題，五分鐘思考解決辦法。」這句話就是在宣告設想框架的重要性。愛因斯坦的這番話提醒我們，將時間花在正確

建立設想框架，就是善用時間，那是最能保證我們解決的問題是正確的，而為了決策所耗費的努力也會是成功有效率的。

週五午後的兩難

現在是星期五下午四點半。你的上司緊蹙著眉頭站在你的辦公室門口。看來是有麻煩了——的確是。

「我們遇到一個麻煩。」她說著走進來，坐到辦公桌對面的椅子上。「西區剛剛發給我更新過的銷售數字，比他們星期一告訴我的低了 20％。這樣的變化很大，大到足以成為我的上司、銷售副總星期一早上對董事會做簡報的素材。如果他用的是沒有更新的舊數據，到時候會在董事會上出醜丟臉的。」

這段對話朝著意料之中的方向發展，而你對此感到不開心。你必須在下午五點整出門，和你的伴侶會合共進晚餐，然後觀賞一場戲劇表演。門票就在你的口袋裡，而且價格昂貴。

你的上司傾身向前，「你的簡報原稿做得非常好，而且你是我信得過的人。」她那明亮的眼神總是預示著將有特殊要求。果然。「我們得更新簡報，提供新的銷售數據。新的數字、修改文字、新的配圖。這是免不了的。所以我希望你今晚多待幾個小時，重寫最後一部分。我已經把新數據用電子郵件發給你了。你覺得什麼時候可以修改好給我？要我幫你訂個披薩嗎？」

你能怎麼辦？你的大腦有一部分在想：「不行，今晚不行！我

有約了。這門票花了我 150 美元。我一定要拒絕！但如果拒絕了，可能影響我的績效考核，下個月就要考核了。」

大腦的另一部分則是在想：「如果我幫她做了這件事，那就是兩個月來第五次竭盡全力幫她解決大問題。或許再多幫一次忙，就能讓我得到她一直在暗示的加薪。」

那麼，你會怎麼做？留還是不留？做這個決定之前，先問問自己一個設想框架的問題：「你需要做的決策是什麼？」單單是你究竟應該準時離開、還是應該加班，也就是解決上司提出來的麻煩？還是有更好的角度設想這個決策的框架，例如：「我要怎樣處理上司的兩難，還有我個人對伴侶的承諾？」或者「如何利用這個情況提升我的考績並獲得加薪？」又或是「我的上司毫不尊重我的工作與生活平衡。這是個好機會，趁機終結她老是強人所難的固執行為。」這些框架將帶你走上迥然不同的道路。

設想框架的重要組成要素

決策的設想框架帶我們走上定義我們試圖解決的問題之路途。我們很容易順著別人丟給我們的框架直接投入問題，就像故事裡上司拋出來的選擇，或者根本沒有好好考慮過框架就開始採取行動了。但是兩者都可能導致我們解決錯誤的問題。設想框架要做得更好，必須後退一步，有意識地從設想框架的三個組成要素考慮情況：目的、觀點、範圍。

目的

　　目的闡明了決策的內容。大部分人都參與過這樣的計畫，大家對於究竟要完成什麼事並沒有真正達成一致的共識。缺乏共同的目的，這些計畫從第一天起就注定失敗。

　　處理決策情境時，要確立決策的目的，應該回答以下的問題：

- 「我們想要解決什麼問題？」或者「我們面對的是什麼樣的機會？」
- 「我們為什麼要做？我們打算達成什麼？為什麼是現在？」
- 「我們如何知道是否成功？」

　　問題的答案未必一目了然，倘若牽涉到多方，答案還可能有極大差異。清楚明確地討論這些問題，可以大幅改善決策後續工作的效率和效果。如果可以商定共同的目的，將可提高達成良好決策的能力，因為大家都在追求相同的目標。還有第四個問題也有助於釐清目的：「我們怎樣會失敗？」

觀點

　　每個人基於自己的經驗、專業訓練、個人價值，對於決策各有自己獨一無二的觀點。觀點就是我們如何看待情境或考慮決策。比方說，回答「問題是什麼？」時，有多年訓練和經驗的財務分析

師，可能傾向於觀察財務面，「在我看來像是現金流量的問題……」而忽略了在其他人看來顯而易見的行銷或製造端問題。財務是她工作時看待世界的濾鏡，提供給她的觀點或許珍貴，但也有其局限。

觀點是心態的一部分：我們的見解，我們看待世界的方法。那是許多無意識的假設與信念的結果，由人格特質、心智習性、經驗、學習塑造而成。如果不曾有意識地反思自己的觀點就繼續進行，我們可能就會以錯誤的假設和信念處理決策。就像威爾·羅傑斯（Will Rogers）說的：「傷害我們的並不是我們不知道的事。而是我們知道的並非事實。」要認清我們相信的事情「並非事實」，只靠自己通常很難做到。那就是為什麼和別人分享我們的觀點、與其他利害關係人合作建立設想框架，會強化我們對決策問題的認識，特別是牽涉其中的人有不同看法的時候。如果人人都能保持學習模式，並避免防衛戒備的心態，觀點各異是很珍貴的。

有意識地檢視自己的觀點，不輕率地一頭栽入，能幫我們避免許許多多會侵蝕決策努力的起步失誤。擴展觀點有個非常實用而且大有幫助的方法，就是採納蘇西·威爾許（Suzy Welch）的建議，以 10—10—10 法則考慮情況：未來十分鐘、十個月、十年。[1]

範圍

範圍是設想框架的第三個組成要素。範圍決定了決策的哪些部分要列入考慮、哪些不用考慮。舉例來說，一個廣告宣傳決策可能

要做範圍的選擇：「我們應該專注在單一產品，還是整個產品線？」確定範圍就像選擇我們要抽乾的沼澤地。從這方面來看，範圍給問題設下了界線。

把範圍想像成一張照片的邊框。拍照取景時，你會有意識地決定要納入什麼景物，要省略哪些不重要的。許多攝影師利用變焦功能來取景，然而，改變邊框會產生截然不同的實際影響。舉例來說，拍攝足球比賽時如果鏡頭拉得太遠，可能就看不到拯救比賽的那個關鍵動作。但另一方面，如果拉得太近或許能讓觀眾看到精采的倒掛金鉤，但是就完全看不到那位球員周遭的重要動態，比如打算攔截球的對手。同樣的概念也可以套用在決策上：設想框架太廣泛可能導致失焦，框架太狹小又可能導致錯失良機。

設想週五午後兩難的框架

在本章開頭的週五午後兩難故事中，若只將決策的框架設定為究竟要留下來加班還是去看表演，那就太狹隘了。接受這個別人給的框架，會迫使局面變成單方獲益。我們還是可以找到更好的設想框架。

考慮目的、觀點、範圍，對於解決這個兩難會有什麼幫助？與上司對話可以將幾個目的攤開在檯面上。你可以提出幾個想法，首先，你們都希望副總星期一上午的會議能準備充分。其次，你希望證明自己是個堅定可靠的團隊成員。第三，你希望自己做到信守承

諾，因為你的伴侶是這個決策的重要關係人。說出你對即將到來的員工考核和個人承諾的觀點，有助於上司從你的角度觀察情勢。她或許還想加上其他目的。她肯定想支持自己的副總老大，她或許還希望防止這種延遲通報的問題再次發生。那是針對這個情況的不同觀點，而且可能是你們一致同意改天要處理的。

目的與觀點取得一致後，現在你就可以對上司說：「我們有什麼辦法可以完成這個工作，讓你和副總都能成功取得成果，同時兼顧我今晚的約會？」根據這一點，決策範圍就可以納入**誰**來做工作，以及**何時**完成工作的決策。你希望當那個出手救援的人嗎？如果是，那麼或許你不希望建議把工作交給同事，可能你會提出一個有創意的解決辦法，讓你既遵守今晚的約定，又能扭轉局勢。週六上午工作一段時間也許是可靠的雙贏辦法。無論你和上司最後如何決定，先取得設想框架的一致，將大大改善決策的品質。

延伸案例：買房子的決策

設想問題或機會的框架未必總是輕鬆簡單的，就像作者卡爾與妻子蕾莎的故事：

有一天早上蕾莎對我說：「卡爾，我覺得現在該重新粉刷房子換地毯了。」我環顧四周，發現她說得對。我的回答是：「如果要做的話，或許應該考慮先改建廚房和娛樂室？畢竟我們六個月後就

是空巢族了。」

　　然後，我們很快就討論起要怎麼改裝臥室和其他部分。而且在說出「要花錢」之前，我們已經找好建築師了。

　　想法不斷增加，金額也隨之增加。直到有一天我們得出了最後結論，那就是應該考慮其他已經具備我們想要的舒適設施的房子。於是我們考慮起方便我上下班通勤的地點，蕾莎問：「卡爾，你打算還要工作多久才退休？等你不工作了，我們住哪裡都行。」問題很快就變成「那麼，我們接下來的人生規畫是什麼？」

　　粉刷和鋪地毯可能是個為期兩個月、花費兩千美元的計畫，然而「規畫我們的餘生」則是個巨大的議題，關乎龐大的經濟和生活品質考量。我們需要幾年的時間才能解決完這些問題。那麼，我們應該聚焦在什麼決策？

　　卡爾的故事重點在於，決策不會包裝整理得簡潔俐落。多數時候更像一碗義大利麵，拉起一根麵條，跟著牽出許多麵條。我們必須解開交纏糾結的問題，以適當的框架界定出可以處理的問題。

　　卡爾第一次說這個故事，是在一場高階主管的研討會，許多與會者顯然對他的決策處境感同身受。那天晚上的餐會中，幾乎每一桌的談話都提到了類似的故事。其中一名與會者說：「我們家的故事是從一幅畫開始的。我們去參觀一場藝術博覽會，結果愛上了一幅畫。我們覺得那幅畫非常適合掛在長沙發後面，但是不搭，於是我們換了新房子。」卡爾每次說起這個故事都會引起哄堂大笑，或

許是因為太多人都有類似的經驗。

發展適當的框架

明確界定打算解決的問題，是每個重要決策必不可缺的一部分，而這需要刻意關注。經過練習，這就會成為一種習性。我們很常在了解需要解決的問題之前，就急著開始尋找解決辦法。這種情況發生頻率之高，一家全國性運輸企業的領導者因而提出一項公司規定，每項預算申請都要納入待解決問題的說明。該公司希望在設想決策框架時更有紀律。

正如前面框架的關鍵組成要素所提到的，從我們針對決策目的提出強而有力的問題並檢視各種觀點，設想框架的工作就開始了。這些問題讓我們得以早早洞察決策的「內容」和「起因」是什麼。以卡爾的故事來說，一開始的對話引出了好幾個目的和觀點。到最後，卡爾與蕾莎一致同意，他們的目的就是為接下來的五到十年，找到最理想的居住環境，就算孩子長大離家了，這個新的居住環境希望還是位於距離現在的家十五、十六公里內。

要探索適當的決策流程，還需要額外提問，像是決策應該怎樣做、做到什麼時候為止、還有誰應該參與加入等。一些可能的提問包括：

- 「這個決策難在哪裡？有多重要？我們應該用什麼方法解

決？」

- 「誰應該參與？誰可以將不同的觀點帶到討論之中？」
- 「應該由誰來領導或負責？」
- 「協調取得意見一致時，需要考慮哪些政治問題／衝突？」
- 「什麼時候是決策的適當時機？」

（本書第三部分還會介紹更多確定決策流程的內容。）

當然，參與決策的人愈多，答案可能愈複雜。以卡爾和蕾莎的買房決策來說，他們同意兩人要共同計畫，在三個月內做出決定。從過去的經驗，他們知道兩人需要善用各自的長處，在最終選擇達成共識。他們的決策應該要對兩人都有意義與價值，而且雙方都認同並感到滿意。

決策體系：設想框架的工具

如圖 4.1 所示的決策體系（decision hierarchy），有助於界定決策問題的範圍，提供恰當的焦點，並避免設想框架納入過多或過少的範圍。在決策體系中，眼下的具體決策分成三類：

一、已經做的決策，也就是既定的（taken as given）。

二、現在需要專注的。

三、可以稍後或另外分開處理的。

既然決策體系的用意是釐清決策，那應該只包括我們能做或能控制的事。從一開始就具體確認問題的範圍內有什麼、沒有什麼，做決策會更有效率。如果問題的範圍不夠具體明確或是缺乏一致的看法，會導致空轉，也會對後續的行動目標屢有爭議。

　　在卡爾與蕾莎的買房決策中，他們一致認同會在加州的同一地區至少再居住五到十年，他們也負擔得起搬新家，而且現在是共同決定接下來應該做什麼的好時機。這些事決定了之後，他們得到的結論是：搬家基本上是合理的。如此一來，他們就能暫時擱置「下

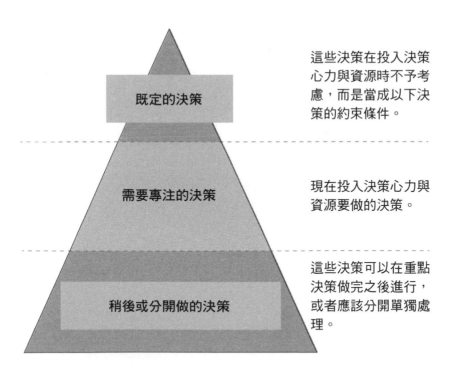

圖 4.1　決策體系結構

半輩子要做什麼？」這個廣大無邊的問題，只專注在現在需要做的決策。他們的決策體系如圖 4.2 所示。有了這個圖，需要處理的決策範圍就一覽無遺了。

所有已經做的相關決定都可以當成既定決策。這個類別的決策限制了其他事情的選擇，所以我們只應納入已經決定、又是我們完全掌控的事。想想看，卡爾和蕾莎倘若沒有決定未來五到十年想留在這個地區，決策會有多大的不同。此外，因為這個層級體系只供決策之用，我們無法完全掌控的渴望和目標就不屬於這個類別。比

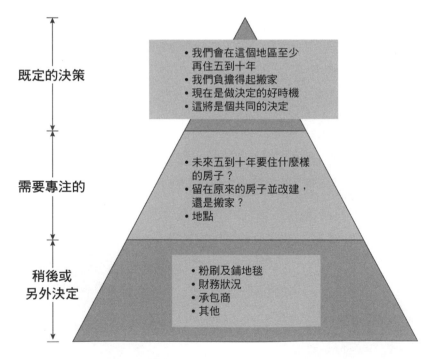

既定的決策
- 我們會在這個地區至少再住五到十年
- 我們負擔得起搬家
- 現在是做決定的好時機
- 這將是個共同的決定

需要專注的
- 未來五到十年要住什麼樣的房子？
- 留在原來的房子並改建，還是搬家？
- 地點

稍後或另外決定
- 粉刷及鋪地毯
- 財務狀況
- 承包商
- 其他

圖 4.2　卡爾與蕾莎的決策體系

方說，卡爾和蕾莎可能希望接下來買的房子是能獲利的投資，以利將來資助他們的退休生活，但這不是他們能做的決定。房屋的未來價值是受到包括不動產市場情況的許多因素影響的未知數。我們會忍不住想把渴望放在既定決策這一類，但其實不屬於這裡。

需要專注的決策是卡爾和蕾莎現在要決定的。這些是他們要集中注意力和心血的地方。其他決策可以推遲或另外考慮，或許還要看專注類別的決策而定。比方說，理想的油漆顏色取決於粉刷的是哪一棟房子。在商業界，領導者必須約束自己專注在最重要的決策，而不是只在他們知道怎麼做的決策。弄清楚了決策體系，界定適當的框架就取得了很大的進展。

可能出錯的地方

我們很容易落入拙劣的決策框架中。這種情況屢見不鮮。處理問題時沒有認真思考框架，急著行動就一頭栽入。然而，我們真正應該做的其實是暫時停下，好好思考情況，並問問：「現在要解決的問題（或機會）是什麼？」

另外兩個常見的錯誤也值得注意。一個是扭曲情況來配合我們先入為主的看法，這就是舒適區偏誤（comfort zone bias）：將問題拉入我們的舒適區，解決我們知道如何解決的問題，而不是解決需要解決的問題。這是非常大的圈套，所以又稱為超大偏誤（mega-bias），這部分在第 11 章將更進一步探討。把問題拉進舒適區，或

許是因為性格、習性、專業訓練、經驗、技能的緣故。這樣得到的通常是不恰當、甚至是預料之中的框架。人力資源專家往往把問題看成組織問題或人事問題，同樣的情況在工程師看來可能就變成系統或技術問題。這些受局限的觀點和習性，可能對問題的設想框架大有影響。

另一個常見錯誤就是專注在最快、或最容易與框架想解決的問題達成一致的途徑。因為下意識地希望簡化，或者想要加快腳步，又或是想避免衝突，結果得到了限制過多的框架，這種情況並不是稀奇事。這種框架設定狹隘（narrow framing）是第 11 章將討論的另一個超大偏誤。但是快速未必都是好的，衝突也不見得就不好。擁抱衝突可確保將不同觀點帶入問題，這也是為什麼在設定決策框架的早期，花時間納入相互衝突的看法通常比較明智。

判斷決策框架的品質

優質決策的目標，就是 DQ 的每項必要條件都達到 100％，而 100％代表多做努力所得的價值得不償失。為了判斷是否達到這個門檻，決策者應該在最終拍板定案之前，用問題來測試框架。這些問題或許也能促使框架獲得改進。

要評定框架的品質，必須了解框架是什麼，而且願意尋根究底地追問。對決策問題以及適當的內容有了理解，老練的領袖會根據這樣的理解，針對本章提出的基本問題尋求答案。而且他們還會探

索基本問題之外的問題，以確保避開了框架失敗，他們會探討的問題可能有：

- 「我們需要專注的決策是什麼？總結該決策問題框架的決策體系是什麼？」
- 「如果其中一個既定決策變成需要專注的問題，框架會有什麼變化？」
- 「這個框架和一般提出的框架有什麼不同？」
- 「這個決策問題還可能有哪些其他框架？誰有不同意見，可能得出不同的框架？」

　　像這樣的問題可以在決策流程的初期，用來判斷框架的品質。好的框架是取得良好開端的必備要素，而且通常會隨著探討其他 DQ 必要條件而改善，比如替選方案和資訊。一旦設想框架達到 100%，就算滿足 DQ 必要條件了。

設想框架的實戰故事：產能短缺案例

　　好的設想框架在事後往往看似顯而易見。然而在實務中，達成「顯而易見」可能要花很多工夫，還可能有必要

挑戰傳統思維。以下的例子就能看出這一點。[2]

　　幾年前，有一家製造商面臨一些艱難的決策，他們的問題與擴大生產設施的產能有關。專案團隊急著準備著手的替選方案，內容包含了要進行修改的廠房、要增加的設備類型、需要採購的新機組數量。為了改善決策品質，專案團隊被要求在開始投入之前正式確定框架。

　　團隊探討諸如「我們為什麼做這個？」的問題時，大家或許以為他們會談到無法滿足的產品需求，以及對獲利力的相對影響。有趣的是，需求無法滿足的問題出現了，卻沒有獲利力的問題。為什麼？於是團隊開始整合所有關鍵產品的基本成本與利潤資訊。

　　很快就清楚看到，爭奪產能的產品中約有三分之一都在賠錢。這導致團隊看待問題有了截然不同的觀點。如果團隊以最初的框架繼續進行，可能會建議提高資本支出以擴大產能，而這會進一步降低獲利力。最後，改進過後的設想框架將重點放在如何定價產品、繼續提供哪些產品（哪些停止供應）、如何重新分配現有的工廠產能，以大幅提高盈利。

釐清決策問題的框架是決策品質的重要一環。設想框架奠定了可列入考慮的替選方案，而如何發展優質的替選方案就是我們下一章重點。

關鍵重點

- 設想框架可以回答：「我們嘗試解決什麼問題？」
- 設想框架的三個重要組成要素是：目的、觀點、範圍。
- 適當的設想框架可以避免解決錯誤的問題，也會讓決策工作更快速、更輕鬆。
- 常見的錯誤包括：沒有清楚確定的框架就貿然投入，深受舒適區超大偏誤之害，或是設想問題的框架太狹隘。
- 決策者有責任判斷框架的品質，並在需要時加以改善。

注釋

1. 見蘇西・威爾許所著的《10・10・10：改變你生命的決策工具》（*10-10-10: A Fast and Powerful Way to Get Unstuck in Love, at Work, and with Your Family*）。
2. 每項 DQ 必要條件的討論都包含一個「實戰」故事，用來說明現實世界中，在商業上應用 DQ 的經驗。這些故事連同文中其他較簡短的案例，都是以 SDG 諮詢顧問同仁的經驗為根據。

05
有創意的替選方案

我們處理問題時常問自己：「我應該做什麼？」然而，如果問：「我能做什麼？」能幫助我們看清面臨的抉擇有哪些替選方案。

——約翰‧畢謝爾（John Beshears）與
法蘭西絲卡‧吉諾（Francesca Gino）[1]

　　替選方案是可能的行動方針，確立我們在決策的框架下**可以**做什麼。沒有替選方案，很難從生活中得到我們想要的東西。沒有替選方案的決策其實不算真的抉擇。既然決策不可能優於最佳替選方案，那麼重要的就是發展出一套好的選項，真正代表我們能做的範圍區間。運用創意和嚴謹努力找到的替選方案，才能幫我們得到最多真正想要的東西。

　　就以作者所屬公司 SDG 幾年前面臨的處境為例。SDG 多年來

都是在加州門洛帕克（Menlo Park）沙丘路的一處精華地段以優惠的價格租賃一流的辦公空間。SDG 是一家專業諮詢公司，但是經常與大型公司競爭。因此，總部空間的選擇對 SDG 的高層就非常重要，因為他們的競爭對手往往是大型公司。

沙丘路上的這棟建築座落在優美的自然環境中。辦公室很寬敞，室內環境收藏著知名的美國現代藝術品。前往 280 號公路、舊金山國際機場、史丹佛大學的交通四通八達，更是錦上添花的好處。

等到租約要續約時，有個決策需要處理：「我們應該將總部設在哪裡？」全體一致同意 SDG 應該留在舊金山半島。大家也一致認同包含四項主要決策的設想框架，如圖 5.1 的決策體系所示。

基於這個框架，有一個替選方案就相當明顯：沙丘路的租約續約，留在原地不動。但這個抉擇並不簡單。該棟大樓的業主想調漲租金 250％，比起同區域類似的一流建築租金水準高出許多。更麻煩的是，業主打算花兩年翻新建築。他們表示：「現在的空間拆掉重裝翻新期間，我們可以為你們安排其他適合的辦公大樓空間，等到翻新工程完成，你們再自費搬回來。」

辦公室可能要搬遷兩次，付高額租金（之後還會有其他支出），忍受兩年的施工噪音和干擾，這對許多員工來說，吸引力就減去大半了。不過，還是有一些人贊成留在原來的地方。他們認為，「這裡的環境絕佳，而且沙丘路與智慧資本（intellectual capital）緊密相關，而智慧資本正是我們的主要營業項目。我們的

客戶非常喜歡這個地方。我們應該留在這裡。」可惜，沙丘路沒有其他辦公空間符合公司的需求，因此 SDG 必須考慮維持現狀之外的其他替選方案。大家討論出來的方案有兩種。

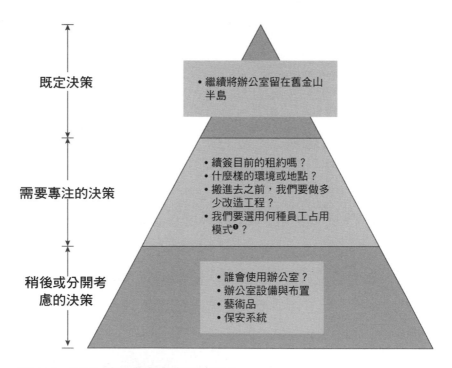

既定決策
• 繼續將辦公室留在舊金山半島

需要專注的決策
• 續簽目前的租約嗎？
• 什麼樣的環境或地點？
• 搬進去之前，我們要做多少改造工程？
• 我們要選用何種員工占用模式❶？

稍後或分開考慮的決策
• 誰會使用辦公室？
• 辦公室設備與布置
• 藝術品
• 保安系統

圖 5.1　SDG 辦公室搬遷的決策體系

---

❶ 員工占用模式（employee occupancy model），指的是分析和規劃企業工作空間的方法。考慮範圍包括員工的數量、工作位置、工作時間、工作方式等因素，以便為員工提供一個最適當的工作環境。

- 搬到帕羅奧圖（Palo Alto）的市中心商業區。帕羅奧圖的市中心商業區走路就能到史丹佛大學，很適合步行，非常時尚，而且有許多有意思的商店和餐廳。這個替選方案對許多員工頗有吸引力，特別是年輕人。

- 在目前位置的北方、福斯特城（Foster City）靠近 101 號公路的地方租下現成的商務辦公空間。這個辦公空間比較小，沒有沙丘路那裡的環境氛圍和名聲，但是更靠近機場，對於住在舊金山及對岸的員工及客戶，通勤相對方便。此外，公司採用旅館式辦公模式 ❷ 的小辦公室，也比提供每位員工專屬空間省錢。

這三個替選方案對公司、員工、客戶各自代表不同的價值。每一個選項都代表了不同的成本、實體布局、環境氛圍、員工的通勤距離、鄰近重要客戶與其他地點（例如機場和史丹佛大學）等因素。這些替選方案顯然值得仔細斟酌。

良好替選方案的特點

做決策時，我們會挑選我們認為有「最大價值」的替選方案。因此，為了達成 DQ，替選方案清單應該要龐大且有足夠的多樣

---

❷ 旅館式辦公模式（hoteling model），機動安排員工對辦公桌、小隔間、辦公室等工作區域的使用。是一種替代傳統固定分配座位的方法。

性，完整納入各種可能性。清單裡應該都是「好的」替選方案，這代表它們會具備某些特色：

- **有創意**：決策應該納入有創意的替選方案，這些方案不是乍看之下就顯而易見，或是符合傳統思維，而是要打破常規。創意思維發現的替選方案，通常有龐大且意想不到的潛在價值。
- **差異顯著**：各替選方案不應只有輕微的差別，而是彼此在真正重要的地方有明顯差異。明顯不同的替選方案會挑戰現有的思維方式，並以新穎的態度看待問題。
- **代表廣泛的選擇範圍**：兩個替選方案通常是不夠的。替選方案應該涵蓋所有可能選擇的範圍，因為誰也無法預先知道最大的價值來源藏在哪裡。
- **提供合理的選擇競爭項目**：每個替選方案都應該是真有可能中選的。一組好的替選方案中，不會有誘餌、明顯較差的選項，除了襯托其他替選方案顯得更好之外，沒有別的用處。也不會有那種肯定會被拒絕的古怪選項。不過，我們也不應該自以為一項替選方案會被否決，就過早否定。一個邏輯合理、代表真正價值、正當提出的替選方案，或許就有和其他選項一爭之力。
- **有說服力**：每個替選方案應該代表足夠的潛在價值，能創造利益且激發熱情。一個替選方案若能讓至少一個人說：「我

們確實應該仔細看看這個。」就是具有說服力。

- **可行性**：可行（做得到或可實行）的替選方案是可以真正付諸實踐的方案。如果不可行，就不能列入替選方案清單。不過，在適當地考察潛在可能性之前，仍然不應該太早否定不成熟的替選方案。

- **數量可控制**：三個替選方案通常比兩個好，四個可能又比三個好。不過，二十個替選方案不一定就比四個好。稍後我們會看到，每個替選方案都必須加以分析、評估，並與其他選項比較。我們需要的是一組「可控的」替選方案，也就是涵蓋迴異的選項，但是又在我們分析比較的能力範圍之內。相對簡單的決策問題，三、四個替選方案可能就夠了，但是比較複雜的決策問題，或許就需要四到七個，甚至更多選項。

太瘋狂？大膽冒險的價值？

某家跨國企業裡的一個團隊，被交付一項發展新業務策略的工作。團隊成員想出了幾個大有可為的構想，但是一致按下了在該企業保守的領導者看來可能太前衛或太激進的想法。他們覺得最好嚴守常規。

同事力勸他們更大膽一些，於是團隊想出一個他們認

為「超級激進」的策略，但是又怕引來嘲笑，所以不想拿給上司看。不過，經過一番勸說並將想法充實完整後，他們鼓起勇氣同意提交給公司上層，如果上層覺得太過激進，就由他們淘汰這項策略。

令他們意外的是，高階主管對這個「瘋狂的」想法大感興趣，他們問：「我們真能實行這項策略？」團隊保證只要有足夠的時間和資源，就可以執行。所有人都贊同，這項策略的風險比目前的經營模式大，但是如今正好也該考慮做一些變革了。於是，這個團隊獲准推進構想的下一步，分析與評估。審慎確認後，出現了令所有人都意外的結果：激進構想的價值，可能是策略替選方案清單上其他選項的**四倍**。

這個階段的目標是產生一組有說服力、有創意、有潛在價值的替選方案，讓決策者願意在決定之前一一評估。產生替選方案的工作有兩個階段：擴張與收縮。擴張階段的目的是在一段合理的時間內，盡量找到最多的好想法，以供討論。這個階段不關心評估。其實，創意和評估是兩種區別非常大的活動，不能放在一起看。產生替選方案需要個人和團體的創意思維。個人通常可以靠著不斷與想法纏鬥，甚至是多加琢磨看好的想法。如果涉及團體，腦力激盪法（brainstorming）和名義群體法（nominal group technique）通常會

有幫助，說明這些方法的資源有很多，你可以進一步了解細節與應用。[2]

有效的構想生成通常會產生相當多合理的替選方案，但是沒有人有足夠的時間或資源評估十個以上的方案，於是就進入了收縮階段，將清單縮減至可以控制的組合。這個組合應該包括最有說服力、而且代表完整選擇範圍的可行概念。

以 SDG 辦公室搬遷的例子來說，早期討論產生了六個替選方案。這個清單經過進一步檢驗後縮減為三個選項，同時保留了選項的廣度，以及最初清單的創意。

策略表：界定替選方案的工具

收縮階段結束後，給我們留下了一份方便管理的替選方案清單，以及各方案背後的大略概念。繼續進行之前，需要對每個替選方案有完整充分的了解。策略表（strategy table）可以幫助我們做到這一點。策略表釐清了若選擇特定替選方案，會做出哪些相關選擇。也準確顯示每個替選方案在框架內的位置，並突顯不同選項間的異同之處。對於涉及多項相關決定的策略替選方案最為有用。

圖 5.2 說明了策略表通常是如何結構的。被歸類在需要專注解決的每個決定都放在表格頂端的欄位。這些是取自決策體系的中段部分（請參考圖 5.1）。每項決定下方的欄位包含可納入考慮的選項組。策略名稱或主題，則在左方另起一欄。圖 5.2 的例子是 SDG

辦公室地點變動的相關策略：留在目前的空間、計畫搬遷到市區商業中心、減少辦公室空間。為了完成這張表，我們將這些策略分散到各欄位。目標是從每一欄挑出一項，標記出一套協調一致的選擇，以明確界定各策略替選方案。

比方說，如果 SDG 的策略是留在目前的空間，要做的決定就包括續租和繼續提供員工相同類型的工作空間。市區商業中心的替選方案則需要進行整修，只是要在具有折衷主義氛圍的城市環境，重建與現在相同風格的工作空間。如果入選的是減少辦公室足跡的

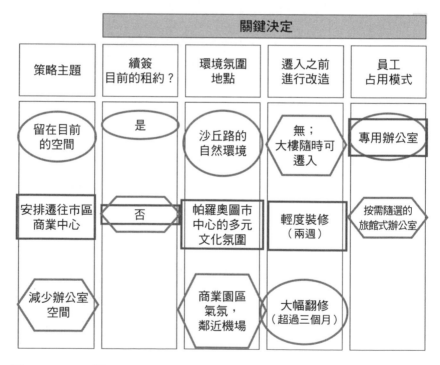

圖 5.2　SDG 辦公室搬遷的策略表

策略，就要取消一些專用辦公室，改採按需隨選的旅館式辦公系統，提供給公司經常在外出差的馬路勇士（road warrior）。

策略表提供條理分明的方式展示替選方案，了解每一項方案究竟包含了哪些決定，然後進行比較。看著表格也容易檢查出重疊的地方，也就是包含的選項完全相同的替選方案，或是看出選項組合之間的差距，比如其中一個欄位的選擇，沒有被選入任何一個替選方案。

可能出錯的地方

產生高價值替選方案時會遇到的挑戰之一，就是人們容易對第一個差強人意的行動方針緊抓不放，也就是稍早章節描述過的「過得去症候群」，而心理學家以「滿意即可」這個名詞來表示。某種程度上，我們都是滿意即可的人，所以必須抵抗遇到第一個「符合基本要求的行動方針，就照單全收」的誘惑。跳出常規，深入挖掘更多潛在價值，對大多數人來說並非自然本能的事。

「過得去」或許是最輕鬆便捷的行動方針，卻鮮少有最大的回報，因為我們會因此就忘了其他或許更好的可能性。忽略去考慮那些相較不亮眼的替選方案，帶著巨大的盲點往前衝，因而錯失可觀的價值。在商業界中，**滿足於「過得去」的決策者很可能讓他們決策的價值減半**。養成在重要決策情況中追求最大價值的習慣，就能獲得更多的成功。而這樣的習慣意味著做決策之前，要擬出一系列良好的替選方案。

改善的力量，不要忽視備案的潛力

　　創意往往很可能帶來意想不到的珍貴替選方案。但我們也可以改善現有的替選方案，提高手邊選項的價值。卡爾和太太蕾莎決定搬新家時（見第 4 章），正是重新考慮了一個不算非常出色的替選方案，並加以改善，經過改造後這個選項成功比原先看起來好上許多。

　　卡爾和蕾莎的決策過程中頗為認真地尋找房源。尋尋覓覓中，他們來到一個喜愛不已、樹木繁茂的社區，更發現了一棟房子。因為喜歡得不得了，所以他們很快就準備要進行簽約流程。

　　不過，附近的另一棟住宅也引起了他們注意。這棟住宅的建造工程完成度大約 95%，環境更好，外觀也更吸引人。但是有一些卡爾和蕾莎都無法容忍的嚴重問題。那塊地到處都是毒橡木，有些地方更長到跟窗戶一般高。屋子的內部格局也不太實用。而且基於某些理由，建商在廚房區域安裝的窗戶非常小，使得廚房光線陰暗，原本可以看到的美景範圍也變小了。「而且正門的入口通道像個洞穴似的。」蕾莎補充道。

　　這些缺點加總起來讓他們排除了第二棟房子。一號房子雖然開價較高，但是符合他們的需求，而且是可以入住

的狀態，這似乎就是最佳選擇，夫妻二人也打算委託簽約了。然而，他們隔天卻被告知，負責一號房的管理者已經將他們喜歡的那棟房屋從市場撤下了。

既然喜歡的替選方案已經買不到，卡爾和蕾莎再次將注意力轉向第二棟房子。這棟房子有五個大問題是卡爾和蕾莎無法接受的。如果不用傾家蕩產就能解決這些缺點，二號房屋對他們也頗有吸引力。

隔天，這對尋房客聘請一位建築師，一起系統性地好好檢視在第二棟房子發現的所有問題。三個星期後，建築師拿出一份翻修方案，包括新的窗戶開大、加強室內照明、改善現有的樓層配置圖、景觀美化（包含清除毒橡木）。這個方案需要九個月的時間執行，但是排除了卡爾和蕾莎不喜歡二號房屋的所有缺點。翻修之後，二號房屋的花費與原本清單上的一號房屋差不多。

這個故事有個有趣的結局。評估完成後，蕾莎和卡爾開始投入改造二號房屋了。他們支付了頭期款，並有兩個星期的時間做最後的意願確認。然後，在卡爾出差期間，一號房屋又重回市場了。那是蕾莎原本就很喜歡的房子，於是她打電話給卡爾：「我們該怎麼辦？」他回答，「那棟房子也付訂金，這樣我們就有兩個星期可以做決定。」最後，蕾莎斟酌衡量替選方案一星期後，選擇了二號房屋。如果他們沒有投入心力，把第二個替選方案變成最好的狀

況，結局就完全不一樣了。

　　這個故事的寓意是：決策之前將替選方案改進到最好的狀態，花費的時間與心力通常是值得的。

判斷替選方案的品質

　　一組優秀的替選方案無可取代。進行決策之前，替選方案的評分應該達到 100％，這也代表不值得再多費工夫了。那麼，我們怎樣能確定已經達到這個目標了？在複雜的情況中判斷替選方案的品質時，熟練的決策者會以良好替選方案的定義，逐項查核替選方案組，並進一步調查。決策者會問的問題有：

- 「考慮過的所有構想中，最瘋狂的是什麼？」
- 「除了平常的成員陣容之外，還有誰為這些替選方案做出貢獻了？」
- 「是否有將替選方案組擴展到超出舒適區以外的範圍？」
- 「這個替選方案組是否涵蓋了所有可能的價值來源？我們確定最好的替選方案就在裡面了嗎？」
- 「這份清單是否包含了所有關鍵利害關係人支持的替選方案？」
- 「我們是否有接收到有不一致的意見，並納入替選方案

組？」

- 「這些替選方案是否有清楚且顯著的差異？」
- 「清單上是否有動量策略（momentum strategy，維持現狀），以便我們計算任何新決策的價值變化？」
- 「我們是否有一組可控制的替選方案，可以進行有意義的比較？」

　　這些問題的答案可以幫決策者判斷這項 DQ 必要條件的品質，並以更有吸引力的替選方案取代較差的，加強替選方案組的整體戰力。這個時候是做這些改變的適當時機，之後才是開始費心地一一評估最終替選方案。

　　之後的決策流程會用完備周全的推理，幫我們多次重複檢視 DQ 必要條件。在蒐集完資訊，並用完備推理評估替選方案後，可以再問其他問題，探索從分析中得到的見解：

- 「基於我們的分析，哪一個替選方案看起來最好？」
- 「為什麼有一個替選方案看起來優於另一個？造成價值差異的因素是什麼？」
- 「我們要怎樣利用推理得到的見解，進一步改善最好的替選方案？」
- 「有什麼因素可能提高或降低最佳替選方案的價值嗎？我們能影響或控制這些因素嗎？」

最後，我們可以藉由了解價值是從哪裡創造的、受什麼因素影響，改進最終替選方案。要做到這一點，需要有高品質的替選方案組，才能以完備周全的推理進行評估。甚至在這個流程開始之前，替選方案就應該盡量做到優秀可靠。

替選方案的實戰故事：西非外海的石油

石油探勘與開發可能很錯綜複雜。一家大型石油天然氣公司的團隊在西非外海發現了石油，他們迫不及待要開發生產。這意味著將需要超過五年的時間進行設計、工程、建設。建造鑽油井設施、採掘石油、加工處理、儲存、傳送到船隻並用輸油管輸送到市場，可能需要數十億美元。這不是簡單的工作，但是團隊有專業技術可以處理。他們已經考慮過好幾個替選方案，並選出一個似乎正好適合這次發現的方案。

正當事情順利進行時，同公司的另一個團隊在附近也發現了石油。這本來應該是好消息，但是這次的情況是新發現的石油蘊含量沒有達到理想的經濟價值。而且因為該公司預算有限，新專案得和第一個團隊爭奪資源。團隊之間的競爭在這個組織內部是強勢存在的常態。不過，第二

支團隊找上第一支團隊，要求他們放棄計畫，設計一套可以開發兩個地區石油的設施。但是原來的團隊並不願意重新著手不同的設計，而且他們也有目標要達成，時間非常緊迫。

等到在這兩個地點附近的第三個地點打算再打一座探勘井時，情況發展又更有意思了。第三個地點的成功機會估計有20%，而且和地點二一樣，蘊含的油量大概不足以支撐獨自建造基礎建設。同樣地，要是再發現石油，就有必要共同開發了。但是唯一能弄清楚情況的辦法，就是完成探勘鑽井，可是這要一整年的時間才能知道結果。就像當初的團隊二，地點三的團隊也希望團隊一暫停手邊的原定設計，用一個聯合設施將團隊三的需求納入考量。

公司領導者對這些錯綜複雜的情況左右為難。他們該怎麼辦？如果只拿第一個開發計畫繼續進行，地點二的石油就要擱置了，說不定地點三也是。如果結合前兩個專案，現在就可以著手進行新的設計。石油產量會增加，但其他工作全都要延遲至少一年。加上第三個地點的話，又要再多花一年。如果證明那個區域的探勘不成功，所有的延遲就都沒有意義了。

突破點出現在三個團隊同意合作找出解決辦法。因為該公司的獎勵措施主要集中在短期交付目標，讓所有人齊聚一堂都需要花些工夫，何況達成一致的想法。但是一旦

做到了，幾個團隊就能重新設定問題框架，建立一套別出心裁的嶄新替選方案組。根據他們先前的想法，團隊合作的唯一方式就是一切事務都延遲。但是後來發現，新的技術可以幫他們縮小差距。藉由建造專案一使用的小型可移動設施，該地點差不多就能按照預定時間開始生產。蘊含量或許較少，但是生產情況能讓他們了解許多有用資訊，知道如何將該地點的石油生產達到最佳狀況。利用這一點，他們選擇最能結合地點一與地點二的開發計畫，萬一地點三有石油含量，也有充分的靈活彈性可以擴張。

可移動設施的造價相較於產量來說非常昂貴。此外，石油生產可能沒有原先的計畫快。但是在最後的分析中，這個結合三地點的新替選方案，價值遠遠高於獨立選擇的總和。等到有完整的設施了，那些靈活彈性的設施可以送到其他地方使用。從各方面來看，新的替選方案都是最大的贏家。不過，如果這一切沒有領導階層對決策品質的決心，它就不可能進入計畫階段。

在決策流程中這個階段的替選方案，是粗略界定的想法。沒有做些功課，我們無法真正得知哪一個最有希望。以 SDG 辦公室地點的決策來說，最終我們選擇了帕羅奧圖的市區商業中心，那是額外經過蒐集資訊、釐清價值、應用完備推理來比較替選方案後才做

出的選擇。這些主題將在後續的章節中繼續討論。

關鍵重點

- 一項普通的決策價值很難高於最佳替選方案。也就是說，發展出一組良好的替選方案至關重要。
- 良好的替選方案要有創意，範圍遍及所有可能性，彼此之間差異顯著，也都是合理的選擇競爭項目，有說服力而且可行，但數量維持在可控範圍內。
- 將就「過得去」的標準，就會錯失巨量的價值。
- 策略表建立在決策體系中的「需要專注的決策」類別，並從邏輯上清楚界定了每個替選方案的選擇。
- 在辨認與改善替選方案時，相互矛盾的觀點和打破常規的思維，扮演重要的角色。
- 決策者有責任先界定一組高品質的替選方案，再做進一步的評估工作。

注釋

1. 約翰・畢謝爾與法蘭西絲卡・吉諾，〈成為決策建築師〉（Leaders as Decision Architects），《哈佛商業評論》，2015 年 5 月。

2. 腦力激盪法是亞歷克斯・奧斯本（Alex F. Osborn）在《應用想像力》（*Applied Imagination: Principles and Procedures of Creative Thinking*）創造的，該書最初是在 1953 年出版，如今已絕版。不過，當前也有書籍探導這個主題。例如，麥可・邁查克（Michael Michalko）的《創意的技術》（*Cracking Creativity: The Secrets of Creative Genius*）。名義群體法是腦力激盪法的一種，目的是捕捉到那些可能在他人面前保持緘默、不願提自身想法的人的想法。

06
確實可靠的相關資訊

資訊是學習的來源。但是除非資訊經過整理、處理,以方便做決策的形式提供給合適的人,否則就是負擔,不是好處。

——威廉・波拉德(William Pollard)

透過網際網路、印刷文件、源源不絕的電子郵件、簡訊、電話,我們時時刻刻在遭受資訊轟炸。我們的注意力一天到晚都被資訊控制住了。光是存取這些資訊就可能令人承受不住。大數據更加大了資訊的火力攻擊,雖然可望帶來新的真知灼見,卻也使資訊空間的情況日趨複雜。

從決策觀點看到的資訊

判定哪些資訊重要、哪些不重要，是我們不斷會遇到的挑戰。決策時，資訊連接起我們能做的（替選方案）和我們想要的（價值）。資訊幫助我們從價值的角度預測每一個替選方案的結果。也因為未來不明確，我們需要以可能性（可能發生的情況）和機率（我們認為可能性發生的信心度）來描述未來。舉例來說，丟一枚正常的銅板會有兩種可能性（正面或反面），每一種可能性的機率都是 50％。處理未來的結果時，委實沒有其他方法可用來理解資訊。我們可以針對未來可能發生什麼情況發想幾種情境，並增加許多色彩，讓那些情境令人印象深刻。但這些情境必須轉換成完整的可能性，各自附上機率，才能用在決策的完備推理上。

堅守「決策只根據事實」的立場，看似合乎邏輯。然而，我們必須承認，數據和事實資訊還是有一個無法忽視的明顯限制：那些都是關於現在與過去的資訊，而決策關心的是無從確定的未來。資訊要有用，再好的歷史資訊也必須**妥善運用判斷力**，再轉換成抉擇的可能結果和機率。雖然人類幾千年來一直努力避免不確定性，甚至用上了觀星、觀察茶葉與羊內臟等方法，但是面臨不確定的事物，最終還是無法避免地要自己做出判斷。

開車時，如果路上沒有障礙或不可預測的轉彎，我們可以只看著後視鏡駕駛。然而，很少人信賴這樣的方法。如果前方有重大的不確定因素，我們就必須透過擋風玻璃往前看，預判接下來的情

況。我們開車時無法考慮到所有細節，只能專注在對駕駛決策重要的事情。我們也不能確定周遭的駕駛會做什麼，所以環境是不確定因素。我們必須察知自己「不知道」什麼（可得資訊的限制，以及未來的不確定性），並將這些限制納入我們對可能性和機率的描述。

那麼決策需要哪種資訊？優質的資訊必定是**有相關**而且**可靠**。所謂「相關的資訊」，代表這類資訊能幫助我們預判，斟酌中的替選方案各自可能產生什麼樣的價值結果。比方說，在考慮一個新商機時，決策者需要像是未來成本與營收預估的資訊，以便了解商機的價值。成本可能包含好幾個部分，包括生產、原料、設備支出。營收則取決於市場規模、成長率、新業務獲得的市場占有率。列出決策的結構，也就是具體指出需要哪些資訊來評估可預料的價值，這是了解相關性的第一步。關於這個，本章會介紹一個有用的決策結構建立工具：決策樹（decision tree）。

即使精心建立了結構，決策可能還是需要許多資訊拼圖協助。但是並非所有資訊對價值結果都有相同的影響。那麼，哪些資訊最需要注意？要回答這個問題，需要考慮不確定性。首先，不確定的資訊應該用一段預估範圍的區間敘述表達，而不是具體的預估數字。比方說，我們可能預估新業務的倉儲設施每年維修成本落在 4 萬美元至 9 萬美元。接著應用敏感度分析（sensitivity analysis）工具理出頭緒，找出對特定決策真正有影響的重要因素，也就是最密切**相關**的資訊。系統性的敏感度分析找出哪個不確定的範圍區間對

價值結果的影響最大，進而找到少數真正重要的價值動因（value driver）。提高我們認知理解的努力應該集中在這些價值動因。而最強大的敏感度分析工具之一，是第 8 章將介紹的龍捲風圖（tornado diagram）。

在決策結構中很重要的資訊就是有相關性，尤其是關鍵價值動因。資訊還必須**確實可靠**，取自可信賴的來源，能以盡量減少決策陷阱與偏誤影響的方式，捕捉到專家的判斷（包括對未來的不確定性）。本章重點在於介紹讓決策者能自信使用專家判斷的方法。

延伸案例：麥可的工作抉擇

麥可是個中階經理人，正面臨一項重大的工作抉擇。這對麥可來說是一次策略決策，值得慎重考慮，包括謹慎地蒐集資訊。他的決策將提供脈絡背景，顯示資訊如何安排組織和蒐集，以支援優質的決策。

麥可很滿意目前的工作，但他看到未來幾年薪酬增加的機會有限。最近有一家小型新創公司向他提出新的工作機會，所以麥可要做個決定：接受新工作還是留在原來的公司。當然，他可以建立並考慮其他替選方案，但是為了簡化案例，麥可就只處理這兩個替選方案。

麥可認真思考自己的價值。（這個思考過程會在下個章節進一步討論。）他知道工作滿意度對他來說最重要，而且他認為收入和

工作時數是影響工作滿意度最大的因素。他也知道必須蒐集這兩個替選方案及其可能結果的相關資訊，以便客觀且全面地評估。

在決策中組織決策的相關資訊

麥可的資訊蒐集先從那間提出工作機會的新創公司開始。在與該公司的執行長初次面試時，麥可得知他的職責與目前的職位非常相似。由於這家公司正要起步，他們急著想在市場找到立足之地，因此他在到任初期需要投入更多時間，要是業務快速飛升，可能還需要更多時間。他的起薪是 7 萬美元，低於現在的 8 萬美元。但如果公司熬過第一年，他的薪水保證會提高到 12 萬美元。當然，新創公司未必都能存活下來，麥可知道這一點。如果這家新萌芽的公司折戟沉沙，他也沒戲唱了。所以，麥可需要幫助（決策工具）好好梳理這兩條路。

決策樹：建立決策結構的工具

決策樹明確指出了決策的順序，以及必須考慮的不確定因素。圖 6.1 先畫出麥可的處境。方形代表麥可的決定：究竟是接受新創公司的工作，還是維持現狀。他可能得到的工作滿意度結果呈現在右邊。如果麥可繼續現在的工作，他有把握維持一週工作 45 小時，薪水有 8 萬美元。這個結果顯示在決策樹底部分支的尾端。不過，接受新工作的相關結果還沒有那麼清楚。

新創公司是否成功是關鍵的不確定因素。決策樹的頂端分支增加了一個圓圈，代表這個不確定因素。麥可已經知道，如果公司年底前獲得至少 200 萬美元的新資金，新創公司就能成功延續。如果拿不到，這項事業就會走向失敗。

　　描述麥可在新創公司的工作時數和收入的結果，需要另一個步驟。這些都是不確定因素。為了多了解工作時數，麥可曾與新創公司的招聘經理談過。他得知第一年應當會每週工作 50 小時。如果公司第一年之後成功了，每週工時大概會維持在 50 小時，但是更有可能增加到 55 小時，甚至是 60 小時以上。新的資訊就列在下頁圖 6.2 的決策樹上。

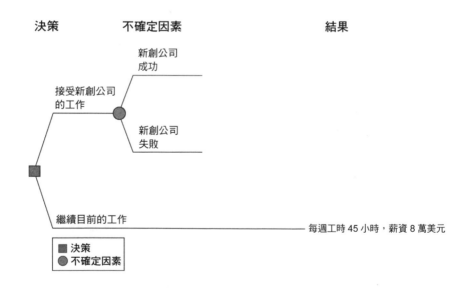

圖 6.1　開始建立麥可的工作決策結構

在麥可的這個案例中，薪資是另一個不確定因素。他直接詢問得知，如果公司成功，他的薪水第二年將跳升至 12 萬美元，但是接下來的幾年，預料就不會有明顯的調薪了。這些結果也加進決策樹的「新創公司成功」之後。

但是萬一新創公司失敗了呢？麥可有把握現在的工作單位願意接納他回去，但可能會減薪。在與公司的人力資源部門談話後，他大概了解同樣經歷的人起薪是多少。他的結論是，等他回來時，或許能恢復目前的薪水，但也可能被迫接受減薪 10%。這些結果可以加在決策樹的「新創公司失敗」之後。

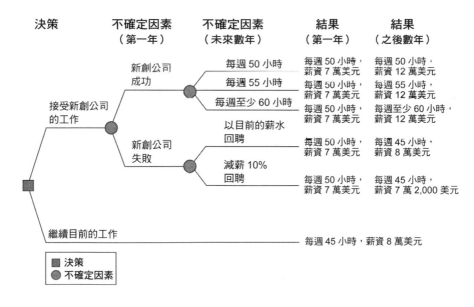

圖 6.2 在麥可的決策樹加上更多資訊

麥可現在有了決策問題的結構，但還需要更多資訊。他看出了相關不確定性和可能的結果，但還不清楚**發生的機會有多大**。比方說，新創公司成功或失敗的可能性有多少？他可能會說「成功的機會很大」，可是這代表什麼意思？他需要更明確具體的**機率**。對於可能情況的判斷，也可以在決策樹的每個分支用機率表示。

　　麥可必須對不確定的結果做出機率的預測：新創公司成功的機率、在那裡的工作時數、目前的工作單位以相同薪水回聘他的機率。為了回答這些問題，麥可請教見多識廣的專家，然後形成自己的判斷。他可以找新創公司的執行長或財務長談論籌募資本的活動。不過，為了抵銷這些高階主管可能畫大餅的偏誤，他接下來或許會找待在創投公司的朋友商量，獲得更深入的見解。萬一新創公司失敗，是否能以相同的薪資被目前的工作單位回聘？找人力資源部門的同事聊聊，有助於他確立一個合理的機率。

　　因為每個案例各不相同，所以「如何找到需要的資訊，預估未來事件的機率？」這個問題沒有單一答案。不過，以確保能解決偏誤的方式找到消息最豐富的可靠來源，或許就能得到可以用機率表達的合理判斷。這個機率是個數字，但是人的判斷看法並不會因為用數字來表達，就變得比較不主觀。判斷本就是主觀的，使用數字只是讓我們可以清楚表達這些判斷。

　　以麥可的例子來說，他給決策樹每個分支做的預估就呈現在圖6.3。比方說，他認為新創公司成功的機率有 70％。如果真的是這樣，他每週工作 50 小時的機率估計為 35％。

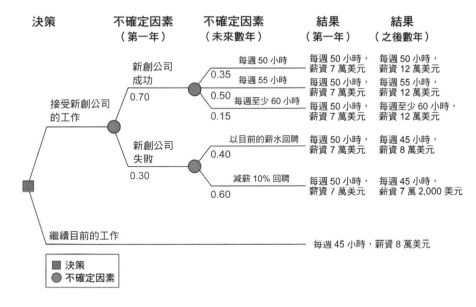

圖 6.3　在麥可的決策樹加上機率

　　這樣的決策樹是詳細列出決策資訊的有效工具。可能性的順序，包括接下來會發生什麼結果的完整路線和機率都很清楚。麥可已經找出他認為和決策相關的資訊，以避免偏誤的方式從可靠的來源蒐集資訊，並指出不確定因素的機率。第 8 章將會說明麥可如何利用這個決策樹和完備推理，找出對他價值最高的替選方案。

確實可靠究竟是什麼？

　　除了相關性之外，優質決策的資訊還必須**確實可靠**，也就是說，準確而且中立客觀，而不是根據錯誤信念或是從不可信賴的來

源取得的。沒有確實可靠的資訊，就不可能達到 DQ。此外，在複雜的情況中，如果無法判斷資訊或分析的可靠性，決策者就不會接受。因為他們太清楚不過了，幾乎所有結論都能夠找到資訊來支持。鼓吹特定想法的人，或者想要推銷某樣東西的人，總能找到辦法證明他們的主張。

那麼我們如何能夠自信地認為，我們有確實可靠的資訊，為決策提供穩固的基礎？有兩個關鍵重點至關重要。首先，我們必須善用可以信賴的專家，他們誠信可靠又願意承認未來的不確定性。有時候，輕易就能找到這些專家，但有時候可能需要在非常規的管道才能找到。其次，我們也必須引出這些專家的判斷，以避開會導致資訊無效的偏誤發生。

是否真的可能從可信的專家取得確實可靠的資訊？答案是肯定的。一個經驗豐富又了解人類偏誤問題的協調者，可以引導討論避開常見的陷阱和圈套。這個工作需要相當可觀的專注和經驗。不過這種情況可不會自然發生。如果麥可不了解如何從創投業者朋友維克多身上獲取可靠的資訊，他們的對話最後大概會像這樣：

麥　可：嗨，維克多。我想聽聽你對一家新創公司的看法，那家公司帶了一個工作機會找上我。我需要了解這家公司接下來一年有沒有可能取得需要的資金。財務長認為有 85％的機會獲得注資，執行長則是更加樂觀，認為有 90％。你覺得這些數字合理嗎？

維克多：絕不可能。過去一個月來，我看到十多家新創公司沒能取得需要的資金，而且每一家公司的領導者都篤定自己會成功。新創公司是大膽冒險的事業。在現今的市場上，幾乎沒有一家新創公司做到，成功機率大概只有 10％吧。

像這樣的對話會得到確實可靠的資訊嗎？大概不行。創投業者的觀點可能過度受到記憶中迅速想起的近期失敗案例影響。這種可得性偏誤（availability bias）許多時候是大問題。此外，創投業者完全沒有問起新創公司本身的狀況，反而對麥可的潛在雇主成功所需的資本金額、產品、市場、管理團隊做出大量假設。身為專家，要幫朋友評估有威脅的冒險情境，維克多或許覺得有必要持保守態度，設法限制麥可遇到不良結果的可能性。換句話說，維克多可能有動機偏誤（motivational bias），給了麥可一個低的成功機率。

事實是，麥可非常明白從維克多那裡獲取優質資訊的重要性。因此，他沒有像上面舉例那樣地隨意對談，而是在與維克多談話之前做了精心準備。在一位決策專家同事的協助下，他採取了幾個步驟來取得優質的資訊，包括：

- 得知維克多最近幾次籌資失敗的經驗後，麥可鼓勵他利用自己完整的經驗，全面地思考可能性。麥可還告訴維克多，他會為自己的決策負責，藉此避免動機偏誤。
- 麥可非常具體地指明想從維克多這裡知道什麼樣的資訊。然

後，在請維克多做預估時，麥可盡量避免拋出會成為錨點或影響他回答的數字。

- 在麥可詢問成功的機率前，他先請維克多列出了所有可能促成新創公司成功的事項，以及所有可能導致失敗的事項。這幫維克多避免了一個非常普遍的問題，就是我們總是自以為懂得比實際上多。這個問題往往導致人們低估了決策中實際面臨的不確定性，尤其是不確定的區間（例如一年可能獲得多少資金的範圍）高點和低點都不夠極端的情況下。

這些概念說明了決策專家常用的標準化方法中，用來蒐集可靠資訊的一些步驟。[1] 麥可身邊就認識一位決策專家，可以輔導他進行這個流程，所以他懂得如何從維克多那裡獲得有價值的優質資訊，然後再把他從公司領導者聽來的資訊整合，最後做出判斷，新創公司有 70% 的機會成功獲得他們需要的 200 萬美元資金。[2]

在追求確實可靠的資訊時，目標並不是排除不確定性，而是對機率和不確定結果的範圍區間，取得資訊充足且不偏不倚的評估。只要資訊提供者是備受尊敬的專家，取得資訊的流程透明，並且妥善安排避開偏誤與陷阱，就能做到這一點。在有適當的訓練和回饋意見下，專家在進行機率和區間預估時，可以妥善地校準。也就是說，他們具備這樣的能力：就算經過一段時間之後，事前所做出的機率預估能與事件實際發生的頻率相符。雖然這並不是人類天生擅長的事，但我們**可以**學會對不確定的未來做出良好的判斷。

可能出錯的地方

最常見的資訊問題之一，就是沒有找到能做出無偏見的客觀結論所需的資訊。反而是尋找支持特定觀點的證據。我們動輒就會做出這種事，但是並不會因此得到優質的決策。決策品質要求我們致力於蒐集最能代表決策未來後果的資訊，因此在尋找資訊時，決策者應該警惕防範：

- 有偏見的來源
- 包含錯誤的數據
- 沒有專業知識的資訊來源
- 刻意挑選用來證明某個特定結論的資訊
- 忍不住只尋找支持存有偏見的意見與假設的資訊
- 過度自信，也就是自認為我們懂得比實際上多

決策拖延得太久可能也是問題。有些人可能希望將決策拖延到蒐集完最後一丁點資訊，再下最後定論。如果他們有全世界的時間，如果蒐集所有資訊是免費的，那倒也無妨。可惜，額外付出的努力和延遲通常背負著金錢成本，而且往往導致錯失良機。資訊蒐集的臨界點，應該是在於已經不值得為了決策的改善，再耗費更多的時間與成本去獲取更多的資訊。到了這個程度，決策品質中的資訊面就算達到100%了。

判斷資訊的品質

　　資訊的品質應該在做決策之前先行判斷，目標是達到 100％。相關性與確實可靠都很重要。關於資訊的相關性，最開始的問題應該集中在決策的結構：

- 「是否已經界定決策的可能性和機率？」
- 「是否充分了解決策的結構，包括前後順序？是否有決策樹描述這樣的結構？」

另外，也應該要有問題追問探索資訊的確實可靠。

- 「為關鍵不確定因素提供資訊的人是誰？這些來源是否可信且可靠？」
- 「我們採取了那些步驟，確保資訊中沒有滲雜偏見？」
- 「專家是否有不同意見？如果有，分歧的爭論重點是否納入考慮了？」

　　這些問題的答案綜合起來，就能對資訊的初期品質有深刻理解。

　　等到針對這些取得的資訊進行完備推理後，我們就會知道資訊對每個替選方案的價值結果有什麼影響。這個評估還包括著重關鍵

價值動因的敏感度分析。等到完成評估的結果，就可以針對資訊的相關性提出更詳細的問題：

- 「哪些不確定因素是關鍵價值動因，也就是最終對價值的變化有最大影響的？」
- 「如果對關鍵不確定因素有更多了解，會有多少收穫？」
- 「如果有更多時間和資源，我們要多找哪些資訊？」
- 「不確定因素的哪些結果，會讓我們對哪個替選方案最好的想法產生變化？」

資訊品質評估——先建立起決策結構並蒐集資訊，然後充分的完備推理，這會告訴我們，究竟是要填補缺口還是繼續進行。

資訊收集的實戰故事：預測不確定的未來

某家製造業者多年來一直靠著一間工廠生產旗下七個不同產品線使用的專用原料。隨著業務蒸蒸日上，工廠生產特定原料的產能已經拉到極限，即使一星期七天二十四小時運轉，也幾乎無法滿足需求。由於預期未來持續會有高需求，工廠負責人急迫地要求公司投入資金、擴大產

能。這個要求促使公司的高階主管面對幾項決策：要增加多少產能？選在什麼地點？速度要多快？

關乎未來需求的資訊內容，對這幾項決策至關重要，每個產品線的銷售經理都被要求審慎預測未來數年內的每月需求。每位經理針對負責產品的每月銷售預測都提出了一個數字，生產部門再拿這數字轉換成每月需要的原料數量。出乎意料的是，這些預測的需求遠低於工廠多個月的現有產能。工廠負責人因而不得不重新考慮原本的提議。想到未來成長速度可能會逐步放緩，於是他撤回增加產能的申請，轉而微調生產進度的時程安排。

不過，幾個月過去了，顯然實際的產品需求遠高於銷售經理們的預測。生產線依然負荷超載，每天進來的訂單更多了。工廠負責人不滿地抱怨：「他們為什麼看不到這一點？」

這時候，行銷副總介入調解了。她才剛給幾位（再次）突破月銷售目標的業務頒發獎金。如果這個如今已經變成慣例的情況，是持續有高需求的證據，為什麼預測報告沒有顯示出來？有沒有可能獎金制度促使業務人員提出容易達標的低預估值？無法清晰看到未來的需求，誰都無法有效地計畫下一步。這時候顯然需要更好的需求預測，於是這個工作交給了一個精於 DQ 的專案團隊。

透過與每個產品線的經理合作，該團隊的專家們勾勒

出影響每個市場銷售的大概狀況。（這些圖就是關聯圖〔relevance diagram〕，這將在第 8 章討論。）就其中一項產品來說，城市廢棄物焚化爐的建設增加與該公司的技術成功至關重要。至於另一項產品，除了行動電話的全球銷售成長是核心要素，其他還有該公司的零組件市場滲透率影響，諸如此類的分析報告。

了解這些市場動態後，該團隊著手為不確定的資訊因素做區間範圍的預測。對銷售經理而言，區間預測是新概念，但他們也承認預測未來需求，確實存在相當多的不確定性，因此同意試試看。利用專案團隊精心設計的流程，他們對每個區間提出了低、基礎和高的預測值。接著，他們又用簡單的模型，將這個訊息轉化成產品銷售及原料需求結果的機率區間。

經過專案團隊一番努力後，成果顯示，需求比原先預測的更加不明確，但有明顯的好消息：就算他們維持一週七天運轉的產能，五年後滿足需求的可能性只有 40%。該公司如果不擴大生產，將會錯失莫大的價值。高階主管迅速行動，很快投入幾個擴張替選方案的評估。既然他們開始著手解決真正的需求不確定性了，領導團隊就更有把握做出優質的決策。最後，他們決定了最終策略，不僅可以在近期內滿足不斷上升的需求，同時也保持彈性，因應長期的需求成長。

資訊收集達到 100％，是做出良好決策的關鍵因素。當然，需要的不只是資訊。我們還需要清楚的價值和完備的推理，才能理解我們擁有的資訊，結合我們對可能結果及其機率的思考，並顯露替選方案的價值。這些決策品質的重要必要條件將在稍後探討。

關鍵重點

- 所有決策都是著眼於未來，但是我們無法得知還不存在的未來事實。過去及現在的事實與數據，必須轉換成對未來的判斷。
- 對於不明確未來的決策，必須用可能性和機率來表達。可能性界定未來可能發生的結果。機率代表我們對不同結果可能性的最佳判斷。
- 為了避免資訊超載，我們蒐集的資訊應該與替選方案、以及我們尋求的價值有直接關係。決策樹可以在這個探索過程引導我們。
- 決策樹代表決策的先後關係與不確定因素，顯示每種決定的可能結果和機率。
- 決策者需要的資訊要兼具相關性和確實可靠，才能做出好決策。
- 有相關性的資訊是指，能幫助我們預判某項替選方案獲選之後可能產生的價值結果，以及在進行完備推理時，敏感度分析顯示為關鍵價值動因的資訊。
- 確實可靠的資訊是指，資訊值得信賴，而且中立客觀。

注釋

1. 參考彼得・麥克納米與約翰・賽羅納的《企業決策分析》。

2. 另一個蒐集資訊的方法，就是採用專家小組的群眾外包模式（crowd-sourcing）。有關超級預測者（superforecaster）團隊群眾外包最廣泛的研究，請參考菲利普・泰特洛克（Philip E. Tetlock）與丹・賈德納（Dan Gardner）的《超級預測》（*Superforecasting: The Art and Science of Prediction*）。

07
清楚的價值與取捨

要從人生中得到你想要的東西，第一步，決定你想要什麼。

——班·史坦（Ben Stein）

做決策的目標就是**獲取最多我們真心想要的東西**——我們想要的東西是由我們重視的東西決定的。所幸，我們做特定決策時，不必處理整個價值系統，只需要回答以下問題：在這個決策處境中，我們真正想要的是什麼？

雖然不管什麼選擇都必定要有一組替選方案，但是除非我們能清楚宣告自己想要什麼，否則無法有效地比較替選方案。「這個替選方案為什麼比另一個更有吸引力？」遇到以下情況時，這可能是個難以回答的問題：

- 涉及多種需要，所以替選方案呈現不同的結果組合。

- 決策結果要隨一段時間過去才能逐漸顯現。
- 結果不明確。

最終，我們需要搞清楚自己到底喜歡哪個替選方案，以及為什麼。本章探討的正是促成這一點的價值與取捨。

決策的價值與取捨

根據本書的目的，價值是我們做決策時關心的事情。有些價值可以直接判斷。比方說，一位職業級的修復師可以預估，售出一輛經過良好整修的汽車他能獲得多少金錢價值。在他這一行，汽車的售價提供他一個直接的價值指示——對他而言代表多少錢。其他情況則會用價值指標（value metrics）來具體表示價值。專收修復汽車的收藏家對一輛車的價值評估，可能迥異於她付出的金額。她或許重視的是修復還原汽車原始設計的程度，所根據的價值指標是從四英尺（約一百二十二公分）遠的地方看這台車修復得有多逼真。或許不能還原到與原始設計完全一致，但是對收藏家的來說大概就足夠了。當價值無法直接衡量，就應該選擇合理且符合實際的價值指標。為了簡化，本書提到的價值一詞，指的是金錢價值或價值指標。

在釐清想要什麼時，尋找超過一個以上的競爭價值並不罕見。或許很難找出一個既提供短期好處，長期又有大回報的替選方案。

但我們兩者都想要。或者我們希望的是低成本又能快速實行。即使是相當簡單的決策，都可能涉及多項價值。遇到這種情況，就需要做出與我們設定價值相符的取捨。

對等交換（even swap）就是一種方法。對等交換是以一種價值代替另一種價值，但不會扭曲決策的整體價值。比方說，第 6 章提到的決策者麥可，在他的工作決策上需要決定在時間和金錢之間如何取捨。他必須確定想要以多少薪資，換取較長的工作時數。等到找出他覺得沒有差異的具體金額兌換值，譬如 X 美元換 Y 小時，他就可以用金錢取代時間，進行對等交換，這樣比較替選方案就簡單多了。

麥可的價值與取捨

前一章提到了麥可究竟要接受新創公司的新工作、還是留在目前工作的決策初始結構。仔細考慮這個決定後，麥可想清楚了對他的工作來說什麼最重要，也就是他在這個決策中重視的價值。他的主要價值就是工作滿意度，而這是由兩個因素造成的：

一、**收入所得**。麥可和妻子希望盡可能給孩子的未來做各種投資，像是音樂課、海外旅行、上大學。以麥可目前 8 萬美元的年薪來說，做這些投資有一定的困難度。

二、**工作時數**。以目前每週 45 小時、幾乎沒有外地出差來

說，麥可與家人共度的時間勉強還算足夠。「下班後有足夠時間和家人共度時光，是我為什麼喜歡目前工作的其中一點。」他說。

其他因素可能也重要，例如通勤時間、升遷的可能、挑戰的程度。有一些朋友告訴麥可，在新創公司工作充滿熱血的刺激感讓人覺得這個機會很有吸引力，但對麥可來說，熱血的刺激感不是主要吸引人的地方。「我在新創公司的工作可能和現在的工作非常相似，所以感覺不會有大大不同。」對麥可來說，終究還是收入和工作時數這兩個價值最重要。

既然麥可的決策牽涉到不只一種價值，他就需要用一種價值的部分，換取另一種價值的一部分。麥可和妻子重視高收入，考慮到他們想提供給孩子的東西，這對他們來說就很重要。但是他們也重視麥可在家的時間。因為這些價值並非完全相容，這對夫妻就必須考慮捨棄一些下班後的家庭時光，換取更多收入——也就是先前說的對等交換概念。麥可可能要設法解決一些問題，像是「如果知道每星期要多工作 10 小時，增加多少收入我才會願意放棄那 10 小時的家庭時間？萬一工作時數增加到 15 小時呢？」一旦麥可找到他的無差異點（point of indifference），就能做出替換，簡化決策又不至於扭曲。

麥可和妻子將薪資和居家時間的取捨加以量化。以下列的條件，麥可可能會覺得是可接受、沒有差異感的情況：

- 每週放棄 5 小時的家庭時間（也就是每週工作 50 小時。這是以 45 小時作為基準值），多得 1 萬 5,000 美元的收入。
- 每週放棄 10 小時的家庭時間，工作 55 小時，多得 3 萬美元的報酬。
- 每週放棄超過 15 小時的家庭時間，工作 60 小時以上，多得 6 萬美元的報酬。

用這些數字做出對等交換，麥可就能以單一等值金額，描述工作時數和薪資不同的工作。這樣做比較就容易多了。他目前的工作是每週 45 小時、8 萬美元。根據他的取捨，每週以 9 萬 5,000 美元工作 50 小時，對他來說價值是一樣的（1 萬 5,000 美元交換每週 5 小時的家庭時間）。一個薪資 12 萬美元、每週工作 50 小時的新工作，對他來說值 10 萬 5,000 美元（12 萬美元減去 1 萬 5,000 美元），比現有的工作好。但如果到最後是以 12 萬美元工作 60 小時以上，對麥可的價值大概就只有 6 萬美元（12 萬美元減去 6 萬美元），還不如現在的情況。

時間通常是決策的一個重要成分，麥可的決定也不例外。考慮到孩子上學的地方，麥可一家打算接下來五年都留在目前的居住地點。在那之後，他們可能希望換工作，搬到另一個州，距離孩子的祖父母近一點。因此，麥可應該比較不同的工作替選方案的五年總等值收入。他還需要考慮金錢的時間偏好，因為同樣的金額，未來獲得的金錢，其價值比今天低。麥可認為現在起的一年後，要多得

10%的所得，才能符合現在所得的價值。這 10%稱為他的折現率
（discount rate）。因此，明年得到 8 萬美元，現值為 7 萬 2,727 美
元（8 萬美元除以 1.10）。同樣，兩年後的 8 萬美元等於今天的 6
萬 6,116 美元（8 萬美元除以 1.10，再除以 1.10，折現兩年）。因
此，以他目前工作的五年收入，轉化成等值五年總收入約為 33 萬
4,000 美元。折現的概念被廣泛應用在將一段時間的現金流量轉化
為單一價值。這種方法在金融入門教科書有清楚解釋。

＊　＊　＊

麥可已經釐清這項工作決策的價值是收入與工作時數，也知道
如何取捨。他還知道如何比較今天的金額與未來的金額，因此解決
了本章開端介紹過的三項價值挑戰其中之二：多種需要，決策結果
要隨一段時間過去才能逐漸顯現。等到下一章，會運用期望值
（expected value）的概念，計算麥可決策結果中的不確定性。他將
得以給每個工作替選方案的預期等值五年總收入，計算出單一數
字，並選出最好的一個。

商業背景中的價值

在商業界，最終直接價值通常就是企業的經濟價值，或是股東
價值。因此，一個能創造 10 億美元股東價值的替選方案，就比創
造 7.5 億美元的方案好。股東價值通常是以未來現金流量的淨現值

（net present value, NPV）來衡量。[1] 大多數商業替選方案的成本與收益的時間框架不同，NPV 所使用的折現法，就像麥可用來比較不同時間區間的方法。

企業通常會追蹤的目標，不是真正的直接價值，而是達成直接價值的手段途徑，我們稱之為間接價值。比方說，追求銷售營收的淨利率只是一種手段，是為了達成更高的直接價值：股東價值。其他間接價值，包括市占率、每一名員工的銷售額、單位成本、顧客忠誠指數。這些間接價值可能是產生直接價值的必要條件，但最重要的還是清楚瞄準我們所追求的最終直接價值。獎勵短期獲利力之類的間接價值，最後可能降低股東價值，尤其是如果這些短期獎勵會導致管理階層縮減研究開發、對生產力的投資，或是其他為股東創造長期價值的事物。

無形價值也可能製造困惑混亂，尤其是像員工滿意度或品牌知名度之類的要素，必須和獲利能力做衡量時。由於無形價值的影響可能難以量化，通常會忍不住忽略這些價值。這種情況在商業界屢見不鮮，並可能會導致決策達不到設定目標。試想一下，如果一家公司在決策時選擇忽略品牌識別度，價值真的會增加嗎？只要有可能，無形價值都應該轉換成可以與有形價值比較的形式。這一點可以利用麥可的工作決策中採用的對等交換。麥可的決策需要將家庭時間的無形價值轉換成金額，以便和收入的有形價值結合。遇到其他無形價值很重要的情況，同樣也能這麼做。

當然，有些價值不能交換出去。在麥可的工作抉擇中，他大概

不會考慮未來五年期間需要搬家的工作。大多數以利益為目的的企業會宣稱：「無論關係到多少利益，我們都不會做出任何違背道德行為標準的事。」像這樣毫無商榷餘地的價值會限制選擇，也應該列入決策框架之中。它們是限制列入考慮替選方案的範圍條件之一。

在某些商業模式中，非金錢價值在決策當中至關重要，例如非營利組織、內部服務團體、公共部門。在這種情況下，可能存在多個目標，我們必須納入最重要的幾項，即便其中包含了非金錢的目標。和麥可的處境類似，我們可以對整體目標的達標率設立量化基準。舉例來說，某一家全球性衛生組織的目標是大幅降低開發中國家的瘧疾病例，他們可能會追蹤「避免死亡的人數」或是「增加的健康存活年數」，來驗證成效。再舉一個例子，某個內部資訊科技（IT）服務組織的目標，是透過成本效益系統達到生產力最大化，他們就可能會針對採用新 IT 系統後所帶來的工廠產能改善情況進行衡量。量化非金錢利益[2] 對達成最佳選擇來說，是很重要的。

商業決策中的取捨

商業決策通常需要系統性的方法進行價值取捨。這種方法首先要清楚了解各替選方案的後果，將之描述成不確定、隨著時間逐漸顯現的有形與無形結果的組合。一步步做出對等交換，將這個複雜的組合轉化為可以輕鬆比較的同等價值，做選擇就簡單多了。這些

交換或替代的步驟，就以圖 7.1 概括總結。

步驟 1：把無形價值替換為等值的貨幣金額

利用對等交換概念，將無形價值轉換成等值的現金流量，可與有形價值的現金流量結合。經過這些交換之後，每項替選方案的金額就代表相等價值（不再只是現金）。

步驟 2：將一段時間的現金流量替換為等價現值

接下來如麥可的案例所示，我們以代表時間偏好的折現率調整時間。在大部分企業中，財務機構會提供一個以加權平均資金成本（weighted average cost of capital, WACC）為基礎的折現率。（注意：這個不能當成包含懲罰風險而額外折扣的最低資本回報率〔hurdle rate〕。在優質決策中，折現法只用於計算時間偏好。風險

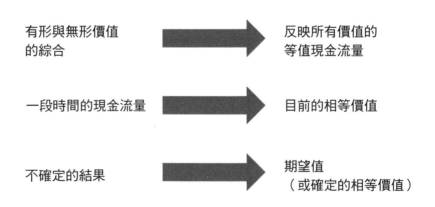

有形與無形價值的綜合　→　反映所有價值的等值現金流量

一段時間的現金流量　→　目前的相等價值

不確定的結果　→　期望值（或確定的相等價值）

圖 7.1　價值替換步驟

的差異則是在完備推理的流程中另有單獨的深入討論，這是第 8 章的主題。）時間偏好用上折現率後，將未來不同時期的等值現金流量，轉換成包含了時間影響的單一等值之淨現值數字。

步驟 3A：用期望值替換不確定的結果

現值不確定，就可能有許多不同的結果。完備推理的工具可以用來量化淨現值機率分布的不確定性。這個分布之後可以用來計算淨現值的機率加權平均或期望值。（相關重點在完備推理的第 8 章也會討論到這一點。）在大部分的情況下，藉由比較替選方案的期望值和淨現值範圍，就能做出清楚的選擇。因此，透過一連串保留決策問題真正價值的系統性替換，要做的選擇就很清楚。

步驟 3B：如果有需要，用風險胃納計算確定性等值

如果風險非常大（可能損失至少 5％的公司股東價值），或許有必要用量化風險胃納 ❶ 來計算確定性等值（certain equivalent）。由此得出的確定性等值淨現值和區間範圍，說明了時間偏好與風險胃納。實際上，大部分決策不需要這種確定性等值計算，但是在可能有大額損失時，量化風險胃納可能就是寶貴的工具。

---

❶ 風險胃納（risk appetite），或稱風險偏好，企業追求價值時，面對風險願意損失的最大數量或金額。

可能出錯的地方

　　價值清楚明確是高品質決策的基本要素，然而有許多因素可能妨礙這一點。有些情況是利害關係人不了解或不認同關係重大的價值。雪上加霜的是，在好幾件事情都顯得重要的情況下，未必都能輕鬆簡單地表達清楚重視的價值是什麼。在相互競爭的價值之間做取捨，容易製造出又一個失敗的機會。比方說，企業擴張到環境敏感區域可能會導致無窮的爭議，辯論著如何權衡經濟成長與環境維護的益處，而且決策者可能也不太願意公開他們的取捨結果。

　　而這一切有個好處，就是釐清價值的行為有助於引導出有意義的對話，更深入討論如何做出不同的價值判斷和取捨。

　　以下是處理、判斷決策價值時，需要留意的事項總結概要：

- 對價值及如何取捨，缺乏明確的討論及／或一致的看法。
- 價值的定義不清，或者無法有意義地衡量或預測未來。
- 著重在間接價值，而不是直接價值。
- 折現率不恰當，風險調整不合適，無形價值的評估不正確。

判斷價值的品質

　　決策者必須確保價值有清楚的定義，並且妥當適用。在做出決策之前，該條件評分必須達到 100％。除了避免上述列出的失敗，一個掌握情況的明智決策者還會提出探究性的深入問題，試圖得到

答案，以清楚看出該決策價值必要條件的品質：

- 「我們清楚知道自己想從這項決策得到什麼了嗎？」
- 「我們提出的價值是否納入了所有重要利害關係人的觀點？」
- 「我們是否了解如何衡量每項直接價值？」

蒐集完資訊，也進行完備推理後，我們就能更清楚知道每項替選方案的價值結果。這時候，可以再問問其他進一步的探究性問題：

- 「選擇最佳替選方案時，必須考慮哪些取捨？」
- 「如果做了不同的取捨，決策會有什麼變化呢？」

價值的實戰故事：
未充分利用的天然氣處理廠

釐清價值會讓一家公司找到更好的新替選方案。這項決策的核心主角是一家天然氣處理廠。天然氣從附近的鑽井採集後，在該處理廠加工處理，然後送入管線，分送給

周遭區域的用戶。但是處理廠的效能並沒有被完全充分利用，而該公司又未能在附近地區找到足夠的新天然氣儲備，確保處理廠的營運接近滿載。因此，管理高層正在尋求解決辦法。

處理廠營運的未來現金流量淨現值，是該公司的主要價值衡量指標。畢竟這是一家營利企業。不過，工廠員工留任也是另一個重要考量因素。這些價值有時候會相互牴觸，因為人力資源支出又會使得艱難營運的工廠現金流量縮水。

與公司的專家合作後，專案團隊找出了幾個替選方案。為了方便說明，在此只提出兩項：

一、**維持現狀。**這個替選方案在不裁員的前提下，產生 2,000 萬美元的淨現值。

二、**關閉工廠，並將加工處理工作外包給附近另一家競爭對手。**競爭對手的產能過剩，他們提出一個很吸引人的價格為該公司加工處理所有天然氣。裁退一百名員工之後，這個替選方案會給公司帶來 7,000 萬美元的淨現值。

一開始比較兩個替選方案並沒有分出清楚的贏家。金錢利益（淨現值）和員工留任就像是蘋果對橘子的比較，

這樣的比較沒什麼意義。7,000 萬美元淨現值的替選方案非常吸引人,但是裁員一百人不太令人滿意。而 2,000 萬美元淨現值的替選方案又差強人意。那麼,專案團隊能不能創造另一個可以同時滿足兩種價值的替選方案呢?

專案團隊開始努力設法保留良好的淨現值,同時降低裁員的負面影響。與工廠工人的面談結果顯示,如果公司能提供每個員工 15 萬美元的遣散費,或是給予整個工廠一百名勞動人力 1,500 萬美元,大部分工人能接受關閉工廠的決定。換句話說,在這個程度的金錢誘因下,員工對於留下或離開都覺得沒有差異。

有了這個新的訊息,團隊提出新的第三個替選方案:關閉工廠並提供每名員工 15 萬美元的遣散費。算上遣散費之後,新替選方案的淨現值為 5,500 萬美元。最後,管理高層選擇這個方案,因為這方案兼顧了他們最想達成的兩個價值:最大程度節省營運成本,同時善待員工。

弄清楚價值能引導我們走上正確的方向,但是哪一個替選方案能提供最多我們真正想要的東西與價值?回答這個基本問題需要完備推理,結合替選方案、資訊、價值。這是下一章的主題。

關鍵重點

- 決策時，價值是我們比較替選方案時關心的重點。
- 對大部分企業來說，最終直接價值是股東價值，即企業的經濟價值。而該價值通常是以未來現金流量的淨現值（NPV）來衡量。
- 關係重大的價值不只一個時，可能就需要做取捨。
- 利用對等交換，包括無形價值在內，將所有價值轉換成共同的單位（例如，美元），可以簡化決策。
- 折現法只可用來計算時間偏好，不能衡量風險的差異。
- 如果潛在損失至少達公司股東價值的 5％，可以用上計算風險胃納的確定性等值。否則，應該使用期望值來做決策。

注釋

1. 淨現值（NPV）是一段時間收到的一連串現金流量折現總和（正數與負數）。許多商業運作收到現金的情況，可能歷時長達數年。比方說，一家公司可能預估今年會以 1,000 萬美元收購另一家企業（負現金流量），未來十二年會收到 200 萬美元的自由現金流量（正數），然後在第十二年結束時，以 1,500 萬美元將這家企業賣給另一個實體。如果對於收購者而言，今天相同金額的現金與一年後相同金額的 110％ 等值，他們就會將每筆現金流量折現 10％（複合計算），而這些金額的總數決定了淨現值。根據對等交換的原則，他們可以以淨現值的單一價值替換決策中的現金流。計算淨現值的數學公式在大學會計或金融教科書都能找到。微軟 Excel 之類的電子試算表套裝軟體，可簡化實際的計算。
2. 關於非金錢利益的量化，有一個別出心裁的方法，可參考道格拉斯‧哈伯德（Douglas W. Hubbard）的《如何衡量萬事萬物》（*How to Measure Anything: Finding the Value of "Intangibles" in Business*）。

08
完備周全的推理

我毫不在意複雜性表面上的簡單，但我願意奉獻生命追求
複雜性表面下的簡單。

——奧利佛·溫德爾·霍姆斯（Oliver Wendell Holmes）

　　想像你任職的公司正面臨一項影響未來發展非常重要的長期決
策。這個決策問題的框架產生了好幾個令人難以抗拒的替選方案，
但各自都有一些不確定因素，影響未來十年可以產生多少價值。像
這樣的情況，不可能憑直覺知道哪一個替選方案最好，因為複雜性
和不確定性都高。這時候不是靠直覺，而是需要一個健全嚴謹的方
法，來判定哪一個替選方案能提供**最多我們真心想要的東西**。以規
範性決策理論（normative decision theory）為基礎的完備推理，讓
我們得以根據擁有的資訊，自信地弄清楚狀況。

　　至於簡單快速、或時時重複的決策，最好的替選方案通常可以

根據經驗或直覺找到，不需要什麼推理，就用簡短快速的檢查，確保我們不會被偏誤誤導即可。在稍稍複雜一些的情況，基本計算就能揭露最佳選擇。真正複雜的決策需要更為嚴謹的分析。

回頭再說麥可對於究竟應該保留目前的工作，還是接受新創公司新職務的決策。本章就從給麥可的決策進行推理開始：紙、筆、簡單數學，就能釐清最佳選擇。接下來我們就來介紹遇到比較複雜的情況，最有用的決策工具。本章最後還會針對何時該尋求推理協助，以及如何判斷決策品質鏈中完備推理環節的品質，提出建議。

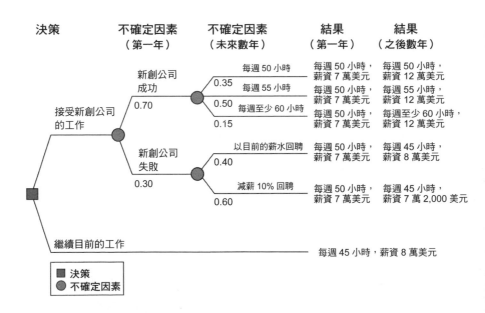

圖 8.1 麥可的決策樹

麥可工作決策的推理

麥可的決策問題所需要的推理相當簡單明白。他已經仔細斟酌過手上的替選方案及價值，也在圖 8.1 的決策樹中記下了需要的資訊。

正如我們在討論價值的第 7 章所看到的，麥可已經釐清在額外工作時數與薪資之間的取捨，也知道如何用 10％的折現率計算時間延遲因素，折算未來收入。這樣他就能計算每個結果的未來五年的等值收入總合。這些計算現在都加進圖 8.2，四捨五入至千元。

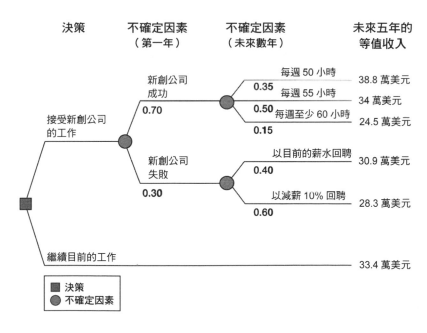

圖 8.2　麥可的決策樹加上價值的等值終點

要深入了解哪個替選方案對麥可最好，他可以先從決策樹的上方兩個終點開始看起。如果新創公司成功，而他每週工作時數不到60小時，那就比現在的情況好。這兩個結果的價值分別為38萬8,000美元及34萬美元，都高於目前等值收入的33萬4,000美元，這在第7章計算過了。不過，萬一新創公司失敗了，或者成功了卻需要每週工作60小時以上，那就不如麥可目前的工作了。

牽涉到「萬一」時，麥可該如何從兩個替選方案中選擇？因為不確定性的關係，答案並不明顯。不過，稍微用一點數學就能梳理清楚。麥可如果去新創公司工作，需要考慮所有可能的結果，其中有一些不錯，而有些不那麼理想。他還需要考量每一種結果發生的機率。因此，他要計算決策樹中所謂的期望值（EV）。這就是決策樹每個分支結果的機率加權平均。（其實，期望值沒有什麼要期望的。計算期望值得到的數字，不代表麥可期望可以得到的，只是結果的機率加權平均數而已。）

麥可計算每個替選方案的期望值，是從決策樹右邊開始，然後**往回推**，每個結果乘以機率，加總起來的總數就是每個節點的期望值。圖8.3決策樹顯示的就是計算的結果。

麥可首先計算「新創公司成功」之後的節點期望值，得到34萬3,000美元。然後是「新創公司失敗」的節點，算出來的期望值為29萬3,000美元。在決策樹往回推的下一步，麥可用上剛計算出來的期望值。他以機率估算新創公司成功的權重，失敗的分支也一樣，以上計算出來的加總結果就是新創公司工作的最終期望值，

麥可就能把這數值拿來與目前工作的計算值比較。由於維持目前職位沒有相關的不確定性，期望值就是 33 萬 4,000 美元，即根據未來五年的薪資折現總額。現在，麥可就能判定哪一個替選方案能提供最多他想要的、而且最能滿足他了。

接受新創公司工作的期望值是 32 萬 8,000 美元，低於留在目前工作的期望值 33 萬 4,000 美元。因此，他留在原工作會好一點。他雖然會錯過新創公司發展有利的可能性，但同時也會避開所有不利的情況。

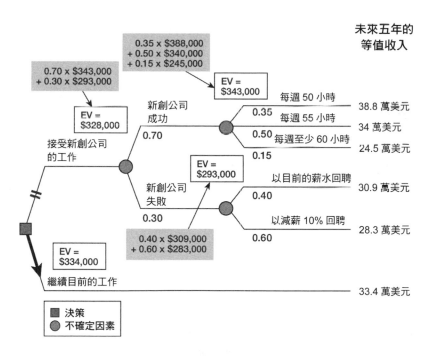

圖 8.3　回推決策樹，找出麥可的最佳選擇

根據計算期望值，麥可得出結論，新創公司的機會不如現在的工作珍貴。[1] 做出最終決定之前，他可能想知道還能夠怎樣改善情況。對自己重視的價值有了認識，又知道如何建立簡單的決策樹及回推，他現在可以尋找更好的就業機會了：能提供他更多收入，而且又不用犧牲太多與家人共度的時光。他或許可以跟新創公司協商出更高的薪資，或者限制工作時數，提高這個工作機會的價值。僅僅是這麼簡單直接的推理，就能讓麥可洞悉這兩個替選方案的差異，明白自己應該選哪個方案，以及他還可以做些什麼來創造更好的替選方案。

較複雜決策的推理

在只有兩個替選方案的情況下，決策者要做的價值取捨相對簡單，麥可用紙、筆、簡單的數學就能建立決策樹，並輕鬆解答。然而，許多策略決策的情況是事情的重要性、不確定性與複雜性都很高，想要找出最佳替選方案的推理，就需要更多心力，而且可能還要用上電腦。策略決策通常需要用到分支眾多的決策樹（運用電腦程式建立），或者其他可以處理大量不確定因素的電腦決策工具，例如蒙地卡羅模擬（Monte Carlo simulation）。要使用這些工具，可能需要接受決策分析的訓練，或者決策專業人員的協助[2]，他們所受的訓練是引導組織完成重要複雜決策的藝術與科學。在有需要時，清楚知道分析能力可如何運用在艱難的決策問題上，這一點是很有幫助的。

關聯圖：複雜決策建立結構的工具

　　複雜決策建立結構的常用工具之一是關聯圖，關聯圖會顯示一般認為與決策有關的因素，並指出彼此之間的聯繫。建構關聯圖時，先從用來比較替選方案優劣的最終直接價值開始。在圖 8.4 的例子中，直接價值就是淨現值，在圖右方以八角形表示。橢圓形代表影響淨現值的不確定輸入因素，方形代表相關決策。以這個例子來說，直接影響淨現值的因素有營收、總成本，以及公司的銷售決策。按照圖片的說明，營收是銷售量及每項產品價格導致的結果，

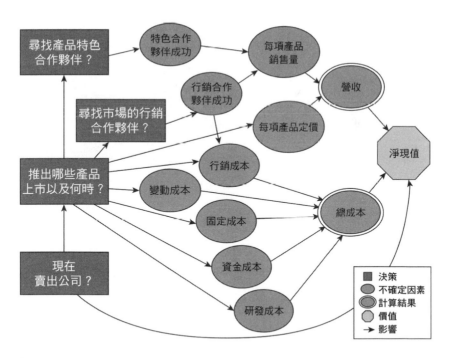

圖 8.4　企業關聯圖範例

而這兩點都是不確定因素。總成本也是用若干不確定因素計算得來的，而幾項不確定因素又受各種決策的影響。決策、不確定因素、價值之間的整體關係以箭頭表示。好的關聯圖，又稱影響圖（influence diagram）[3]，詳細程度足以顯示影響最終價值計算的重要決策和不確定因素。

決策模型：分析複雜決策的工具

如果一項決策有多個替選方案及複雜的價值計算，就要用上決策模型（decision model）將多個輸入變量轉換為價值結果。決策模型併入了決策關聯圖中輸入因素的關係，並且捕捉了其中的不確定性。結構完善的決策模型會計算出輸入因素各種組合的價值結果。一般大多是使用像微軟 Excel 的試算表程式來建立決策模型。有了決策模型，要運算幾千筆不同的不確定輸入因素組合就容易多了。

就像一個優秀的關聯圖，有效的決策模型應該像愛因斯坦的名言：「盡可能簡單，簡單到不能再簡單。」決策模型去蕪存菁地抓住了情況的本質。好的決策模型塑造者會從非常簡單的東西開始，再根據其需要，增加更多結構，以便將替選方案的價值量化並妥善區分。儘管許多組織使用財務模型預測利益和其他重要衡量指標，卻很少人精通在不確定的世界，建立支援 DQ 的可靠決策模型這門藝術。

龍捲風圖：展示資訊相關性的工具

決策模型可以用來解答不確定因素對決策有何影響，尤其是存在許多不確定變數時。被稱為龍捲風圖的工具，是用決策模型找出對每個替選方案的價值影響最大的不確定因素。這些不確定因素和決策最為相關，舉足輕重。一旦找出這些價值動因，我們就會知道應該朝哪個方向進一步努力蒐集資訊。

回想一下，在優質決策中，不確定的資訊是以可能結果的範圍區間來表示的。龍捲風圖利用這些範圍來進行敏感度分析，建立一系列的長條圖，用以顯示其中一項不確定輸入因素在某個範圍內移動、而其他因素不變時，該替選方案價值的變動幅度。長條柱的寬度愈大，表示該不確定因素對決策整體不確定性的影響愈大。

圖 8.5 顯示的是一個典型商業策略型替選方案的龍捲風圖。當所有輸入因素都設定了基本情況（第 50 百分位）估計值，決策模型計算出這個替選方案的淨現值為 8.71 億美元。最頂端的長條柱顯示，A 產品的銷售高峰數字偏離 250 萬美元銷售額的基本情況估計值時，淨現值的變化幅度。由圖可見，在銷售額 150 萬美元的低點估計值（第 10 百分位），淨現值降至大約 5 億美元；而在銷售額 600 萬的高點（第 90 百分位）時，淨現值上升至大約 21 億美元。因此，A 產品銷售高峰的不確定性造成的淨現值波動，大約為 16 億美元（21 億美元減去 5 億美元），以基本價值 8.71 億美元的替選方案來說，這是非常大的波動幅度。這個變量是構成淨現值不確定

性的最大因素，其後是產品技術成功，再其次是 A 產品的價格，等等。

　　觀察這個圖，可以清楚看出從構成淨現值的不確定性來看，A 產品的相關因素比 B 產品的相關因素重要得多。此外，最上方四個長條柱圖構成這項替選方案 97％的淨現值總變量[4]，於是我們得出了相關不確定性的清楚示意圖，只有最上方的幾個不確定性需要詳加考慮。

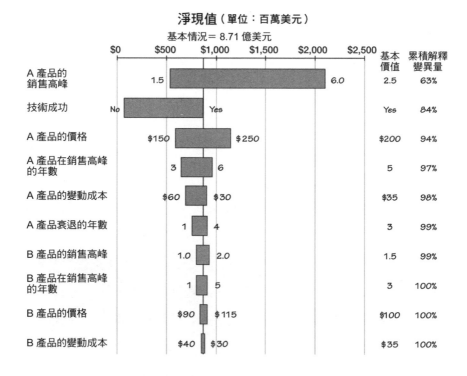

淨現值（單位：百萬美元）

基本情況＝ 8.71 億美元

	基本價值	累積解釋變異量
A 產品的銷售高峰 1.5 ─ 6.0	2.5	63%
技術成功 No ─ Yes	Yes	84%
A 產品的價格 $150 ─ $250	$200	94%
A 產品在銷售高峰的年數 3 ─ 6	5	97%
A 產品的變動成本 $60 ─ $30	$35	98%
A 產品衰退的年數 1 ─ 4	3	99%
B 產品的銷售高峰 1.0 ─ 2.0	1.5	99%
B 產品在銷售高峰的年數 1 ─ 5	3	100%
B 產品的價格 $90 ─ $115	$100	100%
B 產品的變動成本 $40 ─ $30	$35	100%

圖 8.5　典型商業替選方案的龍捲風圖

龍捲風圖是極為強大的工具。首先，它直接告訴我們哪些資訊應該用嚴謹的評估流程仔細考慮。我們可以設法強化頂端幾條資訊的可靠程度，還能相信其他因素的基本情況評估值，卻不會低估了整體的不確定性。

龍捲風圖還有第二個重要用途。它們突顯出有影響力的不確定性最有價值的區域。比方說，遇到圖 8.5 龍捲風圖這種狀態的公司，明智的做法是投入心力增加 A 產品的銷售，或是改善技術成功的機率，不應該專注在改善 B 產品的銷售。決策者在檢視龍捲風圖之後，像這樣的洞見往往就變得一目了然。以下的例子說明了這種情況會如何在一家公司發生。

以龍捲風圖改變情勢

一家中等規模的公司第一次應用 DQ 時，領導團隊請財務分析師將傳統的單一數字淨現值計算方式升級，納入該公司價值的一系列潛在結果。他們有信心公司的得意新計畫，一項重大的削減成本方案，將改善公司的盈虧情況。還有一份重要合約也即將續約，同時預期很快會有一些監管上的變化，但這些問題都各有精明能幹的中階經理人處理，並未占用領導層太多注意力。

不過，當分析師蒐集完資訊，並建立出龍捲風圖（圖 8.6），他們有了意外的發現：低價的合約或是不利的監管法規，影響遠大於削減成本所創造的價值。管理階層把焦點放在削減成本是本末倒置。

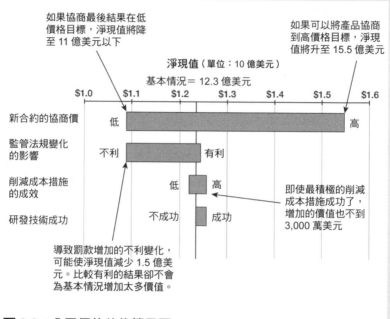

圖 8.6　公司價值的龍捲風圖

大變革因此緊接而來。高階管理層不再將大量時間花在削減成本方案。營運副總親自參與爭取到高價合約續約，同時另一位高階策略主管負責監控法規變化，並草擬計畫，以期能影響及（或）減輕最不利的結果。其實，領導者將焦點集中在他們最熟悉的事情，也就是削減成本，

是再自然不過的事。但藉由完備推理而得到的深刻洞見，成功引導他們把心力和資源迅速轉移到最要緊的事上，也就是最有潛力提高公司價值的事。

　　龍捲風圖不僅能透露出，每個不確定因素對替選方案的價值可能有什麼影響。在此同時，還提供了線索顯示出什麼樣的資訊是最重要的。到最後，許多不確定因素結合起來，造成價值的不確定性。以商業的例子來說，一家公司可能營業成本低，而且市占率高，這些因素可能綜合作用，創造更高的價值。另外，產品價格低的時候，可能會出現資本支出高的情況，導致價值降低。這時候需要的就是想辦法，看看所有不確定因素是如何互相組合並影響整體價值。

　　決策樹可以顯示出，決策中的各種因素如何組合，就像麥可所面臨的工作決策。如果問題更複雜，決策樹軟體可以和決策模型結合，為非常龐大的決策樹計算終點的價值。也可以使用模擬工具（如蒙地卡羅）計算數千種不同組合的結果。以現今的電腦與軟體來說，大量的可能結果組合可以按其發生的機率加權，計算出每個替選方案的期望值。如果要比較各替選方案，這是最佳的單一數值。不過，做決策需要的通常不只機率加權平均數。結果的可能範圍也很重要。這時候飛行柱（flying bar）就很方便了。

飛行柱：展示整體不確定性的工具

　　所有相關的不確定因素組合在一起時，飛行柱可以突顯出替選方案的價值區間。它會顯示出所有可能結果的第 10 百分位和第 90 百分位，意思就是替選方案的價值有 80%的機會落在這個區間。比較各替選方案的飛行柱，能幫我們選出價值最高的替選方案，同時評估可能價值結果的區間範圍。快速瀏覽圖 8.7 的例子，就能看出替選方案 B 的期望值最高：2.5 億美元。而且不利面（第 10 百分

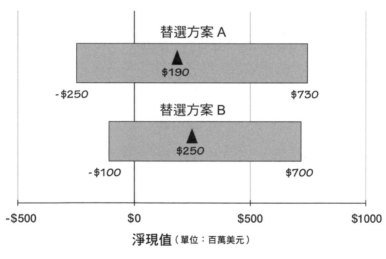

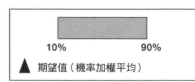

圖 8.7　以飛行柱比較兩種替選方案

位）負 1 億美元，也優於替選方案 A 的負 2.5 億美元。替選方案 B 的有利面（第 90 百分位）幾乎跟替選方案 A 一樣好，所以從期望值和可能結果區間來看，都很容易選出 B 作為最佳替選方案。

可能出錯的地方

完備推理主要可能出錯的地方，是做得不夠清楚明確。面臨像麥可的工作抉擇這樣的重要決策，許多人會認真思考資訊和價值，卻沒有採取必要的後續步驟：建立決策樹，具體列出機率和價值，並做簡單的數學。經常使用簡單的決策樹，在組合各種機率時，有助於彌補我們天生欠缺的直覺。

不確定性是經常出錯的地方。財務模型在商業策略決策是必備的，而且需要承認其不確定性的存在。可惜，有太多公司在處理不確定性時，採取走捷徑的方式，例如設想一些非常樂觀或過度悲觀的情況，或是套用其他商業案例，而不是針對所有重要的不確定因素做出區間的預估。一旦採取了這種捷徑，決策者就無從知道不確定因素對替選方案的價值將有何影響。

另一個不當的捷徑是，財務分析師以偏高的最低資本回報率，針對那些他們認為有風險的替選方案折算未來現金流量，解釋風險情況。折現法是反映現金流時間差異的精確方法，但並不是解釋風險差異的適當方法。風險折現只會扭曲替選方案的價值，使得能實現長期價值、甚至價值更為確定的替選方案，相對於短期付出的方

案仍然不利。

在複雜的情況中存在許多相互關聯的因素，也可能導致決策者過度簡化，因而犧牲了決策品質。例如，想像一下你在做關於產品線的決策時，卻刻意忽略直接競爭、技術可能過時、原料取得受限等複雜因素。聽起來或許荒謬可笑，但人類渴望簡單解決的欲望時常會導致我們做出離譜的行徑。我們必須謹慎留意要有效處理真實情況所需的複雜程度。就跟不確定性一樣，在評估、比較複雜的替選方案時，必須明白且正確地處理複雜性。

推理何時需要求助

推理最有挑戰性的層面之一，就是分辨什麼時候應該求助。我們不會每次切到手指或感冒就去找醫生，也不會每次面對抉擇就需要決策專家的引導。對於不是非常複雜或重要的決策，決策品質必要條件可以當成檢查清單，用來確保我們對問題思慮周全。策略決策是另外一回事。對於這些比較困難的問題，完備推理的工具就是不可或缺，而且決策的後果影響更大，決策專家的協助通常也就成了好的投資。

好的決策專家擅長分析和應用決策工具。他們也有豐富的經驗能幫助協調團隊實現所有 DQ 必要條件達到高品質，同時對問題採取正確的觀點，管理組織複雜性，並建立一致性。如果該決策很重要，對未來有重大潛在影響，又或者是遇到難以找出最佳解決辦法

的瓶頸時，決策專家的存在會助益良多。要是因為不確定因素或相互關係，而難以描述不同選擇的結果，決策專家也可以從旁協助做出正確的推理和分析。

從簡單起點循環重複的功效

做好推理不代表把事情弄得過分複雜。目標是成功有效率地得出最佳選擇。因此，完備推理的開端就要盡量簡單，並在有需要時，使用適當的工具循環重複。以簡單的決策模型用粗略的不確定性預估的快速價值計算，可以用來找出值得改進的地方。初步結果將回答「哪個替選方案看似最好，為什麼？」這些初步的答案能幫忙判定是否需要更詳細的模型，來區分各種替選方案，或者價值取捨是否必須更仔細量化。初步的龍捲風圖將回答「根據不確定因素出現的情況，哪些因素會導致價值的最大變化？」這有助於辨別哪些資訊預估應該透過更多研究、並與多位專家進行有條理的對話，加以提煉改善。而隨著決策模型、輸入資訊、分析結果精煉之後，通常就能夠建立一個綜合版的替選方案，結合不同替選方案的精華，實現更多我們想要的東西。

以完備推理引導分析，可確保將心力用在最重要的事情上，而不是一味浪費在不必要的評估上。等到最佳替選方案一目了然，並且達到 DQ 的必要條件，分析就能停止了，因為此時已具備良好基礎，讓決策者有充分自信做出明智的選擇。

判斷推理的品質

　　決策中的一切都是透過完備推理而匯集起來的。在完成推理後，我們應該要達到奧利佛・溫德爾・霍姆斯的目標：複雜性表面下的簡單。在這個 DQ 必要條件達到 100％後，我們清楚知道哪個替選方案能給我們最多真心想要的東西，對於為什麼它是最佳選擇也一清二楚。透過循環重複的流程，成功的推理也能促進改善其他 DQ 必要條件的品質。判斷品質的問題應該著重在推理過程，以及透過分析產生的洞見，包括關於其他 DQ 必要條件的見解。有用的問題包括：

- 「哪個替選方案看起來最好？為什麼它比其他方案好？驅動價值差異的因素是什麼？」
- 「這個答案有多大的把握？輸入因素中有什麼變化會改變我們的決策？」
- 「根據不確定因素出現的情況，哪些可能導致價值的最大變化？」
- 「如果我們做不同的取捨，決策會有什麼改變？」
- 「有沒有一個綜合選項，可以結合其他替選方案的精華？」
- 「推理的層次適合這個問題嗎？問題是否過度簡化了，或者沒必要地弄得太複雜？」
- 「決策樹和其他決策工具是否使用恰當，妥善展現了每個替選方案的相關不確定結果？」

完備推理的實戰故事：公司高層的爭辯

　　一家生產易腐品的製造商，遇到了大問題：有一項重點產品的產能有限。公司領導層已經陷入爭辯的泥淖好幾個月，營運長極力主張投資擴大產能，財務長則認為資本要審慎運用。

　　營運長主張立即大刀闊斧採取行動。他表示，「我們的顧客常常抱怨產品延遲交貨，而且潛在顧客都被趕到競爭對手的懷抱了。」在他看來，公司有永久失去一部分重要市場的風險。

　　財務長的態度謹慎。她問：「擴大產能要花費多少？獲利下降時，我們的股東能容忍大筆資本支出嗎？」她還提出其他需要回答的問題，例如：還有多少未開發的需求？以及需要多長的時間，擴大產能的好處才能反映在利潤上？「有鑑於去年的表現差勁，現在不是在財務上冒險的好時機。」

　　營運長和財務長之間的爭辯白熱化，執行長即將退休，而兩人都期望接任這個職位，這一點又給他們的衝突增加了針對個人的成分。對這個情況心力交瘁的執行長，開始檢討這項決策。是時候該結束僵局繼續向前了。

　　公司找來一個專案小組與領導團隊合作，架構出一致

的問題框架，並發展出三個替選方案。財務長主張維持現狀的第一個替選方案是「不擴張」。營運長支持的第二個選項是「立刻全力擴張」。專案團隊擬出改善產能的第三個替選方案是「階段性擴張」。為了判定哪一個方案價值最高，專案團隊成員為替選方案建立了決策模型。模型納入了公司專家的最佳判斷，包括成本的不確定性、顧客需求、時機等等。接著是大量運算，為每項替選方案的價值生成重要的見解。

淨現值最高的替選方案是「階段性擴張」。這套方案可以分攤資本支出的負擔，每個階段增加的產能會促成營收逐步增加。在擴張的過程中，還可以監測額外產能的需求，並根據市場反應調整計畫。

即便如此，這項替選方案的淨現值仍包含大量不確定性。專案團隊創造的飛行柱圖（圖 8.8）顯示，最頂端替選方案的可能價值結果的區間甚廣。營運長支持的替選方案「立刻全力擴張」，顯示出其可能結果的區間更大，但期望值較低，不利之處也更多。財務長的替選方案「不擴張」，不確定性較少，但期望值比其他兩個替選方案都低。像這樣將價值量化後，就顯示出清楚的優勝者了：以「階段性擴張」替選方案逐步擴大產能。

這個案例的完備推理，將決策從慷慨激昂的鼓吹提升到基礎紮實的分析，融入了專家意見、公認的不確定性，

以及量化的可能結果。曾經阻礙公司領導者的困境，現在有信心做出優質決策了。營運長和財務長擱置之前的歧異，聯手推動新的替選方案。充分掌握了擴張行動會如何展開，財務長就可以開始針對支出對收入的短期影響，設法控制股東的預期心理。營運長可以開始安排調整生產日程和顧客關係。透過漂亮的聯手合作，他們與執行長得以繼續向前邁進，為公司創造更多價值。

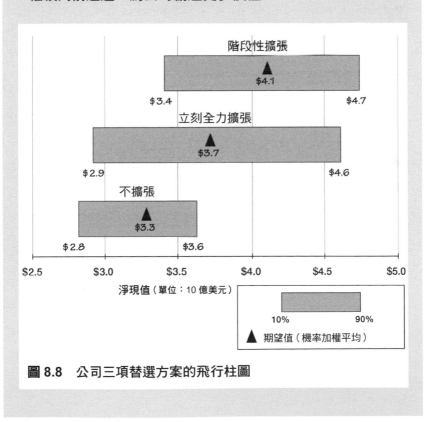

圖 8.8　公司三項替選方案的飛行柱圖

完備推理讓人清楚知道應該做什麼──明確了解目的與意圖。不過，即使看似該做的選擇一清二楚了，決策還需要一件事才能滿足高品質的定義：行動的決心。這是下一章的主題。

關鍵重點

- 完備推理顯露出的選擇，是基於我們對問題或機會的設想框架，充分考量了我們能做什麼（我們的替選方案），以及我們知道什麼（我們的資訊），提供一個價值最大化，而且能實現最多我們真心想要的方案。

- 不算太過複雜的重大決策，通常用紙、筆、簡單的數學，大略畫出決策樹並蒐集往回推所需的資訊，就能夠解決了。（一個需時四小時的決策不需要用到電子試算表模型。）

- 許多策略決策需要借用決策工具的協助。在複雜性與不確定性高的時候，這些工具能幫助決策者比較替選方案。

- 關聯圖可以顯示出讓替選方案產生價值的許多因素和相互關係。

- 決策模型可計算任何輸入預測值組合的價值結果。

- 龍捲風圖總結了敏感度分析，顯示每個不確定因素對最終價值的不確定性有多大影響。

- 飛行柱圖總結了每個替選方案的價值結果之區間範圍。

- 決策專家受的訓練包括協調領導技巧，以及使用分析工具解決複雜的決策情況。

- 完備推理追求的是深刻洞見與清晰明確，利用循環重複的流程和適當的工具，達成複雜性表面下的簡單。

注釋

1. 如果麥可要解決的問題所牽涉的數字金額更大，例如幾百萬美元而不是幾千幾萬美元，他的結論可能是顯示出結果範圍的替選方案更不具吸引力，雖然期望值非常接近沒有風險的替選方案。如果他希望風險趨避，可能會願意放棄一些期望值，交換避免不確定性。只是一般來說，這不是最佳做法，特別是在商業界。企業領導者通常會因為風險的關係，忍不住想降低某種替選方案的價值，但這很容易會讓他們錯失大量價值。大部分的情況下，商業決策應該以期望值為基礎，承擔適當的風險。
2. 有關決策專業工具和實務的更多資訊，可以參考彼得・麥克納米與約翰・賽羅納著作的教科書《企業決策分析》。關於決策專家的技能要求，在決策專家協會網站（www.decisionprofessionals.com）的認證要求條件有詳細說明。而決策專家的基本技能訓練，在史丹佛大學專業發展中心的策略決策與風險管理認證課程有教授，詳情可見 https://online.stanford.edu/strategic-decision-and-risk-management。
3. 關聯圖有時候又稱為影響圖、價值地圖（value map），或知識地圖（knowledge map）。在研究文獻上最常見的名稱是影響圖。
4. 讀者可能還有統計學課程的印象，不確定性是區間的平方和組合而成的。不確定性本質的這個特點非常有幫助，因為會導致最高不確定性對整體價值的不確定性，有不成比例的影響。某一個長條柱的寬度若是頂端長條柱的四分之一，對整體答案的不確定性，影響只有十六分之一。

09
行動的決心

重要的是一個人做了什麼,而不是他打算做什麼。

——畢卡索

搞定決策品質鏈的前五個環節(框架、替選方案、價值、資訊、推理),也就是這幾項品質都達到 100％,就能清楚明確地得到最佳行動方針。這時候,我們已經知道自己應該做什麼了。我們的意圖和目的很明確,但和「實際去做」又是兩回事了。沒有行動,最佳替選方案的價值也只不過是潛在價值。要將潛在價值轉化為實際價值,需要付諸行動。

兩種心態:決策與行動

只有在資源確實投入行動中,一切情勢木已成舟,決策才算真

的完成。因此我們需要行動的決心，而且心態也要從思考模式轉變為實行模式。思考模式與實行模式是兩種截然不同的心態。我們都有過這種轉變經驗，而且經驗豐富，例如決定買一棟房子或一輛車，這是思考模式，而簽約並支付頭期款則是實行模式。然而，就算充分了解自己要做什麼了，從思考心態到實行心態的轉變未必有那麼容易。舉例來說，如果某一項商業決策可能會導致不好的結果（幾乎所有商業決策都是伴隨如此的風險），領導者就可能會在決心付諸行動時猶豫不決。決策者採取行動，有時甚至可能招致財務風險，因為獎勵制度通常是獎賞好的結果，而个是好的決策。不過，如果沒有行動，決策的潛在價值就永遠个可能實現。

一個名為恩尼斯托的年輕人，參加了一項為期兩週的青少年決策技能培訓計畫，他的例子就突顯了從思考模式轉變為實行模式的艱難。培訓計畫的參加者要以 DQ 的必要條件為準則，應用在一項個人的決策上。為了幫助這些年輕人體驗付諸行動的決心，指導員在地板上貼上了一條膠帶，在他們「毫不遲疑地決心行動」時，鼓勵他們跨過那條線。

恩尼斯托一直在努力解決一個痛苦的重大個人問題：與父親的疏離關係。雖然他們住在同一個屋簷下，父子卻有超過一年沒有說話了。恩尼斯托體認到這個情況必須改變，並認定他自己（而非他的父親）需要踏出和解的第一步。他的目的清楚，但是輪到他該跨過那條線時，他痛苦地站在那裡很長一段時間，然後往後退，他說：「我真的做不到。」

隔天早上，恩尼斯托早早來到訓練場地。他顯然徹夜未眠。不過，這一回他真的下定決心了。他昂首挺胸地走向那條線，然後毫不遲疑地跨了過去。毫無疑問地，大家都相信他已經從思考模式轉變為行動模式了。

　　有時從「思考」到「行動」的轉變可能是涉及到心理層面的，而且或許需要勇氣，也需要從一種技能組合轉到另一種技能組合。在決策過程中，衝突是燃料，有助於促進決策者產生一套多樣化的替選方案、價值、觀點。到了該付諸行動的時候，我們需要團結，有一致的共識並認可。「決策的心態」必須擁抱不確定性，「行動的心態」則必須以認定目標，取代不確定性——「我們繼續一起努力吧。」

　　要在兩種心態之間轉變，對於以行動為導向的高階主管及經理人來說，尤為困難，因為他們常因決策的複雜性與不確定性而陷入困境。但是為了行事更有效率，「決策」和「執行」這兩種模式他們都必須學會運用自如，快速地從一種模式轉移到另一種模式。想像一下，有一位營運長平常都埋首於當週或當月不斷變化的營運衡量指標之重要細節，在這種情況，行動才是最要緊的關鍵。突然間，她必須把思維和願景轉換到對公司長期的策略性投資。不同於精細調整營運的快速行動，策略決策牽涉到的細節較少，需要很長一段時間才能看到決策結果，而且一旦開始執行，想要進行調整可能代價非常高昂，或是根本不可以調整。策略決策需要大量的深思熟慮和其他人的參與，與業務營運的執行焦點（準備—開火—瞄

準)不同，這是兩種截然不同的思考與行為模式，但高階主管和經理人必須兩者皆擅長。

利用參與感及使命感，激發行動的決心

付諸行動的決心是建立在參與感和責任感之上。以典型的創業家為例。無論這個人擁有的是小型服務業、零售商店，還是高科技新創公司，他／她都會竭盡所能維持事業的運作和成長。許多時候，這代表了必須每天工作十二小時，缺席家庭活動，還有很多其他個人的犧牲。遇到困難時，創業家會孜孜不倦地努力克服難關、避開麻煩，或是設法撐過去。如果需要更多資本，他／她會想辦法找（乞求）朋友、家人或生意上的熟人籌錢。若是前十個人都拒絕了，那他們就會再找其他十個潛在投資人借錢。

是什麼促使創業家如此不屈不撓？答案是帶有使命的責任感，這種責任感來自於他們擁有這個事業、以及各種決策的所有權——舉凡從撰寫業務計畫、敲開客戶的門，到挑選員工等大小決策。因為創業家是做這些決定的人，他們會付出所有必要的努力，以求成功實行決策。他們有切身利益。

組織與商業學者長久以來一直苦思，如何激勵這種有責任的使命感，這是建立付諸行動的決心之核心關鍵。員工認股計畫、以績效為基礎的薪資制度，以及其他相關制度結構，他們都嘗試過了。這些制度各有優點，但是到最後，金錢獎勵對個人的重要性，都不

如讓他們直接參與那項自己要執行的決策。參與其中，會令人產生一種使命感，進而激發他們在執行決策期間的積極投入與效率。

簡單來說，優質決策需要兩方人馬都願意投入決心與承諾負責：一方是有權力做決策、分配資源，並且支持自己選擇的人；另一方是領導決策行動實行的人。雙方都必須有機會參與決策流程。當實行者被納入決策流程時，他們會：

- 建議新的替選方案。
- 從他們各自不同的觀點提供洞見與資訊。
- 幫忙蒐集資訊。
- 評估可行性，並找出執行過程可能失敗的地方。
- 探索並分享他們對決策價值動因的觀點，進而準備好在執行過程做出價值驅動的決策。

他們透過參與，也有機會了解：

- 哪些是利害攸關的事情，以及決策為什麼重要。
- 獲選的替選方案為什麼會入選（或許還有他們偏好的替選方案為什麼被拒絕）。
- 決策者對「執行過程」有什麼期待。
- 決策將如何創造價值，以及關鍵的價值動因是什麼。
- 為了保留價值，實行過程可能需要做什麼樣的取捨。

然而，如果只是決策完就直接丟過去給實行的團隊叫他們執行，以上說的這些好處就消失了。藉由通力合作，決策者與執行者才能建立起互相尊重和成功合作的基礎。這會減少策略制定者與實行者在應該朝相同目標努力時（為組織創造並實現價值），時常引發對立的心理狀態。有些採用 DQ 實務的企業，將「決策」和「執行」整合成一個端對端的流程，確保創造價值的過程不會在「決策」交接到「執行」時出錯。

實行者有他們自己的思維模式，那是在行動的世界中塑造而成的。這可能會使策略制定者覺得讓他們參與決策流程似乎很麻煩又累贅，他們抱怨實行者往往：

- 提前納入太多細節，因為這些事情在稍後的執行過程中很重要。
- 看到好的替選方案就想立刻進行。他們通常會表現出一種行動偏見，反映出他們的性急與不耐煩。
- 經常表現出對不確定性的忐忑不安。

要管理策略制定者與實行者之間自然而然形成的思維對立，需要一點技巧。不過，決策過程中雙方共同參與，有助於讓實行派領導者深刻了解決策，並產生使命感與責任感，這或許就避免了許多後面的失敗。很多時候，實行失敗了，其實不是實行本身出了錯，而是決策流程不完整的結果，也就是沒有真正達到 DQ 的必要條

件：雙方都在決策過程中貫徹履行對行動的真正承諾，無論是推動決策生效的人還是領導實行決策的人。

有意識的投入決心

決策到了這個點，就該往後退一步檢討回顧。正如第 1 章說過的，我們無法確定決策是否一定保證能產生我們想要的具體結果，畢竟沒有人有水晶球。不過，我們可以妥善評估每個必要條件的品質，包括決策的框架、仔細評估並檢驗的替選方案等等。每一項我們是否都做得很好了？所有條件的品質評分都達到 100％了嗎？如果是，那麼決策者就是盡力做到了最好，可以讓實行者放手去做，大可不必百般的焦慮不安。

付諸行動的決心是達成 DQ 的必要總結。有關最佳選擇的爭論已經結束，這時候要自覺地轉變到行動和執行的具體細節：人員配置、進度安排、詳細的計畫、採購、預算、落實後續行動，以及其他將實現決策完整價值的執行工作。

可能出錯的地方

一旦其他決策的必要條件都達到了 100％，最佳選擇也清楚了然了，優質決策僅剩的一件事就是付諸行動的決心。還有什麼事會造成妨礙呢？我們又能做些什麼來掃除障礙？

對於究竟是否該做決策有不同意見

這樣的意見分歧應該在初期階段就處理掉，不要留到最後。高品質的決策設想框架和公開的決策流程，應該有助於避免這個問題。

對於其他 DQ 必要條件的品質缺乏一致意見

對於 100％品質的構成要素、以及是否達到了 100％，不同的利害關係人或許就會產生不同看法。如果沒有每項必要條件都達到100％，那麼根據定義，就應該投資時間和資源找出決策品質的不足，在決心採取行動之前縮小差距。

對決策固有的不確定性忐忑不安

所有決策都是為了未來而做，而未來並不明確。即便是高品質的決策，也不能百分百保證結果。既然實現價值的唯一方式是透過行動，就必須克服這種不安。對於可能發生的不好結果，可以研擬緩解計畫來降低其影響和相關疑慮。如果是因為要為不好的結果負責而感到擔憂，可能就需要改變獎勵制度和同儕的觀念，以建立DQ 文化。我們必須提醒自己，決策的真正品質需要在做決定的時候判斷，而不是等到結果出現才判斷。

從決策模式轉變為行動模式時猶豫不決

這個轉變需要勇氣，以及樂於接受不同的技能組合各有其重要性。有些時候，決策者只是無法放手，也就是說，他們無法交出控制權，由其他人接手。害怕將控制權轉到其他人（實行者）手中的這種恐懼，可以藉由將實行者帶進決策流程來降低，建立信任，並且在為組織創造價值的目標上達成一致。

無法與那些必須實行決策的人達成一致

在決心付諸行動之前，實行者需要參與決策，並對決策產生責任感。在執行過程中，實行者缺乏使命感而造成的許多失敗，其實是決策流程有缺陷的結果。帶領實行任務的人需要在決策流程中有一席之地，而不只是在前端決策完成後才交接換手。所有利害關係人的真正參與和責任感，對高品質決策來說至關重要，也是提高行動成功率的決定性要素。

判斷行動決心的品質

大部分的情況下，在決策流程結束時，要判斷「付諸行動的決心」之品質並不難。更大的難題在於要在決策過程中建立決心與責任感。為了確保整條決策鏈上這個環節的高品質，決策者應該要提問以下問題：

- 「其他的 DQ 必要條件都達到優質了嗎？如果沒有，投入之前需要將焦點集中在哪裡？」

- 「對於其他必要條件需要再多做努力，有沒有不同意見？要怎樣解決？」

- 「一旦決心投入行動了，是否能將決策的意志堅持到底？利害關係人以及組織中的當權者，是否一致同意這個選擇了'？」

- 「我們真的了解成功實行決策需要的資源等級嗎？包括：資金、人員、時間、執行這項工作的權限、上層的關注？這些資源是否已經安排就緒？」

- 「決策團隊包括實行者在內，是否每個人都決心投入了？是否全體成員都充分了解關鍵的價值動因了？」

- 「我們是否了解實行的風險，並準備好一套良好的緩解計畫？萬一發生了最糟糕的可能結果，我們是否有能力因應？」

行動決心的實戰故事：進入中國市場

幾年前，一家美國大型家電製造商開始著手制定進軍中國的策略。該公司希望在不斷成長的龐大中國市場增加

存在感。在成熟的國內市場，美國領先的冰箱與其他廚房家電製造商，早已感受到來自亞洲競爭對手（中國、日本、韓國）的競爭壓力。相較之下，這些國家的家電市場巨大，而且還在持續成長，但是美國製造商在當地的市場占有率卻非常小。對於這塊大餅，大家都渴望得到更多，特別是在中國。

該公司有各種家電可以在中國銷售，從經濟實惠型到廚師專用型的裝置，再到專為富裕消費者設計的特殊產品都有。他們的目標就是在這個重要市場站穩腳跟。

專案團隊開始工作後，敏銳的成員就問了：「過去有類似這樣針對中國市場制定過策略嗎？」他們希望善用過去努力過的所有想法、經驗、數據資料。令人意外的是，先前曾有兩度擬定關於中國市場的策略。更意外的是，沒有人知道最後得出什麼結論，或者做過什麼決策。團隊迫切想要避免先前專案出錯的地方，於是找了過去參與專案的成員進行交流，其中包括公司最優秀的市場行銷專家和經濟預測專家。他們發現，過去做的嘗試並沒有考慮到策略決策如何實行，以及要由誰來領導這個步驟。那些早期的專案團隊中沒有實行者。

掌握了「付諸行動的決心」是這個情況的關鍵，新專案的領導者在團隊中增加了來自兩個不同團體的人：（1）知道如何在中國建立及（或）維繫家電零售網路的人，以

及（2）曾經在中國市場開發產品及製造的員工。公司的決策者需要有人提供獨到的見解，他們要了解目標市場的零售網路、中國家庭特有的產品需求，以及如何在中國完成優質的製造作業。這些實行者必須了解新策略，並且對此產生投入決心與責任的使命感。

在這四個月的努力期間，專案團隊提出了幾個頗有說服力的策略。各自有充分的市場資訊，制定時也都兼顧到了實際執行層面。等到高級主管選出最佳策略替選方案並下令執行時，實行者已經完全掌握資訊，並且準備好全心投入行動了。幾個月後，該公司期盼已久進軍中國市場的目標終於實現。

關鍵重點

• 在真正行動之前，知道該做什麼（最佳替選方案）都只能算是一種意圖而已。

• 真正決策價值的創造需要「決策」和「實行」並行。「決策」找出潛在價值，「實行」將之轉換成實際的價值。

• 有意識地決心行動是心態的轉變——從思考模式轉變成行動模式。

• 執行的紀律和技能與決策的技能截然不同。

- 參與決策流程能建立一種對決策的責任感。

- 實行者若了解為什麼一項替選方案獲選，其他方案卻被否決，實行的過程就會更有效順暢且快速。

- 只要了解獲選的替選方案之所以更有價值的理由，即使遇到了艱難的挑戰，領導實行的人也能在執行決策時懂得保留價值。

- 許多「執行失敗」其實是在執行期間顯現的「決策失敗」。

Part III

超級勝算的考驗

**How
to Achieve
DQ**

本書的前兩個部分解釋 DQ 的需求，並敘述要達成 DQ 的六項必要條件。在第三部分，一開始會先說明人類的思維模式天生不適合實現 DQ。第 10 章與第 11 章將介紹一些時常阻礙高品質決策的偏誤和決策陷阱。藉由了解這些認知偏誤，我們可以設法加以避免。第 12 章與第 13 章會介紹經驗證有效的實用流程，不僅可以克服偏誤，而且能在策略決策與重大決策這兩種不同類型的決策達到 DQ，因為這些決策在量級和複雜度有所差異，需要不同等級的準備、分析、協作。這些章節會詳加描述適合策略決策與重大決策的流程，並提供應用案例。

10
決策盲區：
決策中的偏誤與陷阱

我們自以為地全心深信這個世界有其道理，這份信念建立
在一個堅若磐石的基礎上——我們幾乎無限地忽略自己的
無知。

——丹尼爾·康納曼[1]

人類心智的天生線路設定，就是無法憑直覺自然而然地達成決
策品質。因為依照我們的心智運作方式，心智陷阱和偏誤會常常在
我們的良好立意和真正的高品質決策之間造成妨礙。這些陷阱與偏
誤有些源自於我們自己本身，有些則是在我們與身邊的人互動時潛
移默化受到影響。本章將概略介紹影響決策的各種偏誤，以及背後
的心理機制。另外還會在介紹之外提供指導，指引我們聰明避免由
此產生的決策陷阱。

神祕的心理機制

　　心理偏誤一直是心理學家和其他行為科學家研究的沃土，也是過去五十年來許多書籍與論文的主題來源。[2] 根據不久前的統計，目前已有超過二百個具體定義的偏誤被分類編目，而且每年的學術研究持續有一些新的發現。只是大部分研究都是致力於辨別這些偏誤，很少花力氣加以整理。本章將專注在直接影響決策的偏誤子集合，依據引發偏誤的心智活動不同，將這些偏誤分成六個類別（圖10.1）。[3] 要解決這些偏誤，首先必須了解可能引發及緩解偏誤的心理機制。

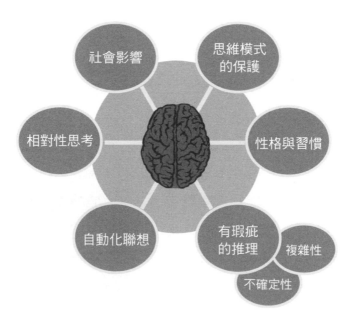

圖 10.1　決策中的偏誤結構

這個偏誤結構的核心就是人類大腦做出判斷和決策的地方。丹尼爾‧康納曼指出，我們有兩個明顯不同的心智歷程。[4] 第一種他稱為系統一，反應極為快速而且熱烈（情緒上），會走許多捷徑。系統一通常是無意識的，根據「你所看到的就是全貌」（What You See Is All There Is, WYSIATI）原則運作，這個假設就是只有你能感知到的訊息才是判斷的重要依據。系統一的速度快得驚人，它可以迅速辨識複雜的型態，讓我們執行複雜精密的重複性任務，比如開車或是在製造業工廠反覆操作機台。不過，系統一無法經過訓練而做到正確推理、謹慎決策，而且在沒有特別干預的情形下，還可能讓我們掉進陷阱和偏誤。

系統二相較之下速度比較慢，需要注意力和心力。系統二兼具理性和社會情緒。一般認為系統二冷淡而不熱烈。這是極為強大的機制，而且可以藉由灌輸「思考工具」（mindware）[5] 加以訓練，做些基本決策的工作，這裡所說的思考工具是指我們的心智用來完成乘法之類工作任務的心理知識與處理流程。不過，系統二依然容易受偏誤影響，特別是在具有不確定性、或者許多因素相互作用的複雜決策情境。即使我們用上了系統二，仍然無法在腦子裡畫出有效的決策樹。

系統一有個強大的習慣，就是讓系統二參與重要決策的研議，充分利用我們大腦的內容與資源。不過，在複雜且重要的決策想要達成 DQ，還需要更多支援。我們可能得用上一套決策流程，開發電腦模型來預測結果，利用專家建議來指定機率，甚至是利用代數

解決有四個未知數的四個方程式。我們沒辦法在大腦內一次做完這些事。我們需要外部的支援，像是工具、流程、數據、以及／或專家等。借助外部的支援強化心智歷程是一種重要的活動類型，作者稱之為系統三。系統三不是行為決策科學研究的焦點，但是在做複雜決策時，卻是系統一與系統二的關鍵外掛。圖 10.2 突顯系統一與系統二的特點，並說明系統三如何善加利用外部資源。

藉由覺察和訓練，三個系統都可以用來幫我們避免偏誤。本章的討論就從「思維模式的保護」開始介紹，接著一路進行到「社會影響」主題，每一節內容包括該主題類別的常見偏誤介紹，以及如何利用系統一、二、三降低這些偏誤的建議。

圖 10.2　決策與偏誤的三種心智歷程

思維模式的保護

思維模式的保護	• 避免不和諧	• 自利偏誤
	• 確認偏誤	• 現狀偏誤
	• 過度自信	• 沉沒成本
	• 後見之明偏誤	

　　從思維模式的保護這個類別開始討論偏誤並非偶然。我們的思維模式以及由此產生的偏誤，是影響決策的重大因素。思維模式就是我們大腦內的所有內容表現：信念、因應現實世界的心智模型、經驗教訓、記憶、偏好、成見、無意識的假設。我們用這些來理解世界，並做出判斷和決策。每當遇到和我們的思維模式相牴觸的事，第一個衝動就是排斥或攻擊，就像抗體會攻擊外來的有機體。

　　就以十六世紀初期之前的歐洲人心態來說吧。他們數百年來看到太陽白天從東方移到西方，夜晚的固定星群也循著一樣由東向西的移動軌跡。當時的科學界認為地球是宇宙的中心，天體圍繞著地球轉動。基於這樣的思維模式，大家看到的情況完全合理。因此，當哥白尼提出一個迥然不同的解釋時，頓時引起了一片譁然。他那以太陽為中心的理論（日心說）瓦解了眾人的宇宙觀，引發了許多負面反應和知識分子的不安。

　　這個例子說明了思維模式的保護引起的其中一個偏誤：避免不和諧（avoid dissonance）。遇到與我們現有思維模式不一致的觀點，會令人不安，因為我們的心智不可能在短時間內就同時掌握相互矛盾的概念。心理學家稱這種不安為認知失調（cognitive dissonance）。認知失調的結果就是人會產生一種強烈的衝動，想要詆毀或忽略不符合現有思維模式的資訊。因此，這種避免不和諧的嘗試就很可能影響決策的品質。此外，重建思維模式很難，因為人類的思維習慣會下意識排斥與既有信念衝突的證據，卻會記住印證相同信念的證據，即所謂的確認偏誤（confirmation bias）。

過度自信（overconfidence）亦是一種概念相近的思維障礙，也就是我們自以為知道的其實比實際上多，而且對此十分確信。想像一下，有位專家被要求預測一項重要產品下半年度的營業額大概範圍。這個範圍是以第 10 百分位與第 90 百分位來界定低值和高值，應該涵蓋了八成的可能結果。然而，如果有個未經訓練的人在沒有指導的情況下，定出了這樣的區間，最後結果通常會過於狹隘，只包含了 50％的實際結果。像這樣對不確定性的低估，對高品質決策來說是切切實實的挑戰。

雪上加霜的是，在回顧過去的錯誤或意外時，拜後見之明偏誤所賜，我們很容易給自己找些藉口合理化，辯稱自己其實一直都知道正確答案。在同樣的思維脈絡下，我們也會表現出自利偏誤（self-serving bias），也就是高估自己的優良品質，將成功歸因於自己的努力，卻把失敗歸咎於運氣不好或外在的環境因素。

我們還會以現狀偏誤（status quo bias）保護既有的思維模式，頑固地堅持當前的立場、技術、商業策略，而且常常會長時間地過度執著，甚至不顧證據顯示這行不通，反而更加奮力緊抱不放，一心期望情況會改善。這種行為在相關的沉沒成本（sunk cost）決策

陷阱中尤其明顯，而這種陷阱在商業組織中頗為普遍。我們很難捨棄過去大量投入的失敗嘗試，即使客觀分析指出：「這樣做行不通。請就此取消，趕緊繼續往前。」被沉沒成本陷阱影響的人會如此回應：「可是我們已經投入 600 萬美元開發這項技術！我們必須堅持下去。」這樣的思維可能會讓人白白花冤枉錢去填無底洞。

因思維模式的保護而產生的偏誤，如何應對？

　　思維模式的保護可能導致不良決策。那麼應該怎麼辦？保持覺察與警戒是第一道防線。更進一步的話，可以訓練系統一來創造「學習框架」的習慣。採用學習框架之後，我們會接受自己並不是萬事通曉，以及我們現在相信的事情其實可能是錯的。學習框架能讓心智和情感都準備好迎接改變，以及不同的做事方式。藉由再三重複的練習，我們將逐漸培養出一種心智習性，降低思維模式的保護傾向。

　　系統二和系統三也可以用來避免因思維模式的保護而產生的偏誤。我們可以運用系統二有意識地去尋找質疑初始信念的資訊。利用系統三安排一位受人尊敬的經理或非正式領袖故意唱反調，挑戰我們的假設和不合理的自信。

> 只要我們體認到自己的思維模式可能會為自己造成局限，就比較容易能做到刻意地跳出框架，並邀請其他人在過程中協助我們。

性格與習慣

性格與習慣
- 基於偏好的習慣
- 習慣性框架
- 內容的選擇性偏誤
- 決策風格

　　決策偏誤的另一個重要來源，就是我們的種種習慣以及造成習慣的性格特質。商業界最常用的性格指標測試，是邁爾斯－布里格斯性格分類指標（Myers-Briggs Type Indicator, MBTI）[6]。大部分讀者應該都接觸過，或是略有耳聞。MBTI 將人的心理偏好區分為四個面向：

- 外向（Extroversion）與內向（Introversion）：我們與周遭世界的關係。
- 實感（Sensing）與直覺（iNtuition）：我們做出判斷與決策的輸入資訊來源。
- 思考（Thinking）與情感（Feeling）：我們得出結論與決策的方式。

- 判斷（Judging）與感知（Perceiving）：我們究竟是比較喜歡下決定，還是對各種可能性抱持開放態度。

　　一個人在每個面向的偏好，通常會以四個字母的縮寫來表示。比方說，共同作者卡爾是 ENTP。對自己和身邊的人代表之人格類型有所了解後，就能發現到一些「基於偏好的習慣」。舉例來說，外向型的人和別人熱烈討論時會感到精神振奮，內向型的人則會迴避這種感覺要把人榨乾的討論。一項決策需要資訊時，偏好實感型的人會找出具體的事實性資訊，對於不確定的可能性，或是偏好直覺型同事提出的設想情境，他們會心存懷疑。

　　每個人都各有自己偏好的方法。可惜就跟「你所看到的就是全貌」原則一樣，在我們面對特定決策，思考該如何處理時，偏好會影響我們的判斷。其實，我們需要專注的是決策本身的本質，而不是思考決策的人的偏好和習慣。重要的是別讓基於偏好的習慣妨礙我們解決需要解決的問題。

　　性格偏好會導致一些影響決策的特定習性。其中一個例子就是使用習慣性框架（habitual frame）。以一個偏好直覺型思考的人來說，很自然地會將問題的框架擴展到包含許多不同決策，而實感型的人則是很自然會縮窄框架，盡可能只專注在少數具體的決策。類似的情況，還有內容的選擇性偏誤（content selectivity bias），它會促使人專注在符合我們慣有的世界觀的資訊：情感型的人會強調決策中人的因素，而思考型的人會以技術性、系統性的看法為優先。

此外，我們會選擇符合自己天生決策風格（decision style）的決策流程。外向型的人偏好可以在團體中暢所欲言的決策流程，而內向型的人更喜歡可以自己把事情寫下來就好的方法。判斷型的人希望迅速定案解脫，但感知型的人喜歡保持選項的開放性。

性格偏好與習性本身並沒有問題。只有當這些偏誤導致我們按照自己的看法而非按照事實來處理決策，才會出現負面影響。

因性格與習慣而產生的偏誤，如何應對？

由性格形成的習慣和偏好，是造成決策陷阱的潛在來源，也是可以修正和預防的源頭。我們可以藉由先了解，我們希望怎麼改變使用系統二思維的方式，再建立新的習慣。接著密集地重複運用，直到大腦的系統一發展出新的自動化反應。利用深思熟慮的系統二，我們可以約束自己做該做的事，哪怕這樣做會偏離我們原本偏好的方法。我們也可以藉由建立一支涵蓋各種多元風格與習慣的團隊，喚起系統三的功能。明確辨識自己的偏好與習慣，是在特定決策情境中採取必要行動的第一步。接著，我們必須往後退一步，診斷決策情境，採取必要的行動來處理，無論這對我們來說是不是天生本能。

有瑕疵的推理

有瑕疵 的推理	複雜性		不確定性
	• 選擇性注意	• 替代性捷思	• 對不確定性的
	• 無法可靠地組合 　許多線索	• 順序效應	困惑

　　人類的心智在被迫處理不確定性，或是許多相互關聯因素導致的複雜性時，就會陷入掙扎。即使我們處於謹慎思考的模式，也沒辦法自然而然地在腦中畫出好的決策樹，或是解決有四個未知數的四個方程式。複雜的決策需要用到系統三，也就是系統二的外掛擴增版。如果不借助系統三的幫忙，我們就會因為複雜性與不確定性得出有瑕疵的推理，產生意料之中的偏誤而深受其害。

複雜性造成的有瑕疵推理

　　人類的心智會因為多面向的問題和龐大的數據而陷入混亂。為了因應這種情況，我們往往會過度簡化。我們會對看似最重要的變數投入選擇性注意（selective attention），卻忽略了其他變數。在多項價值面向都很重要的情況下（例如，可能的新居地點、費用、大小、建築平面圖、裝潢、維修情況），由於我們無法可靠地把許多線索整合起來，最後還是只會專注在幾個重要屬性上。我們會採用替代性捷思（substitution heuristic）將注意力從棘手的問題（我們應該在這個決策付出多少努力？），轉移到相對容易的問題（下次召開行政委員會會議之前，我們還有多少時間？），即使後者的答案

跟我們真正要回答的問題沒有什麼關係。而在面對許多不同消息時，另一個基於順序效應（order effect）的陷阱會導致我們只記得最初或最後的想法。一般而言，在事情變複雜的時候，無論我們是否有意識到，我們都會過度簡化。

簡化並不是壞事，只要問題的核心重點得到妥善處理就行，但絕對不能太離譜。我們只應簡化到足以保持解決方案或問題的框架依然夠堅固，以利掌握決策情境中的重要內容。再進一步的過度簡化，就會導致我們與錯誤的問題苦苦糾纏。

因複雜性產生的偏誤，如何應對？

我們要怎樣處理複雜性，卻又不會受到過度簡化之害？本書第二部分敘述的決策工具或許有幫助。策略表、關聯圖、淨現值分析、龍捲風圖等等，都能用來幫助大腦以推理解決的方式，建構整理決策中複雜但重要的要素。比方說，淨現值分析可以將每個替選方案的複雜現金流模式（有些較早收到，有些則較晚收到）簡化成單一數字，因而得以進行比較。龍捲風圖可以將堆積如山難以理解的量化數據，轉化成容易理解的視覺表現方式，看出關鍵因素對決策的結果可能產生什麼影響。對於視覺導向高於量

化導向的人（大部分人都是如此）來說，龍捲風圖是對抗決策陷阱的強大工具。

面對複雜的決策情境，重要的是使用系統二與系統三的工具，及早全面衡量情況，弄清楚真正要緊的關鍵是什麼。有些時候，我們需要在決策分析中取得專家的協助，有時可能也需要用到決策流程，系統性地一次專注在決策的數個方面（後續章節將介紹兩種這樣的流程）。歸根結柢，目標是簡化複雜的決策，但又不會忽略了問題的真正本質。

不確定性造成的有瑕疵推理

不確定性是重大艱難決策一直都存在的要素，這會讓人的推理能力困惑混亂。即使是經過豐富訓練的專業人士，在必須面對不確定的情況進行推理時也會犯錯。

比方說，在大衛・艾迪（David Eddy）[7] 的一項經典研究中，請醫生為乳房 X 光攝影結果有疑慮的病人判斷罹患乳癌的可能性，五位醫生之中有四位誤診。研究人員提供醫生設定的情況是，腫塊有 1％ 機率是惡性的。他們還被告知，在這種情況下，乳房 X 光檢查會準確地區分出 80％ 的惡性腫瘤和 90％ 的良性腫瘤。根據這些參數，要求醫生們在乳房 X 光攝影顯示為惡性腫瘤後，判斷

腫塊實際為惡性的可能性。拿到這個問題的一百二十五位醫生中，九十五位（80％的醫生）表示惡性的機率為 75％。實際的答案只有 7.5％。[8] 所以研究中的絕大多數醫生誤差達 10 倍之多！

文獻中充斥著像這樣的例子。當然，不只醫生會受到這種「對不確定性的困惑」偏誤影響。若是詢問藥學專家，新的化合物有沒有可能順利通過監管批准的每個步驟，或者詢問行銷專家某項仰賴新技術的新產品在新市場的預測銷售，可以預料也會出現與前述類似的問題。無論是哪一個領域的專業知識，一般人通常對不確定的事件及其結果都不會思考得太周全。

面對複雜性或不確定性時，系統三是達成優質決策的關鍵。只要做足深思熟慮的系統二練習，取得輔助推理的工具和流程，就可能成為系統一的新習慣。

因不確定性產生的偏誤，如何應對？

我們知道在大型重要決策中，免不了會有不確定因素，也知道自己無法做到周全的推理。不過，這些決策還是得做，而且要做到高品質。達到高品質決策的第一步，就是體認到我們不能相信自己對不確定性的直覺。系統三的正式工具是必要的工具，例如決策樹、資訊蒐集、機率

評估等等。在有些情況下，懂得求助具有機率模型技能的專家也很重要。

自動化聯想與相對性思考

自動化聯想
- 容易回想偏誤
- 可得性效應
- 清晰鮮明偏誤
- 敘事謬誤
- 月暈效應
- 定錨效應

相對性思考
- 框架效應
- 參考點效應
- 脈絡效應

判斷通常是透過比較、連結，或聯想那些信手拈來的事物做出來的，而且大多是順著「你所看到的就是全貌」思路，無意識地自動化進行的。這就可能因為我們都沒有意識到的自動化聯想，以及不恰當的相對性思考而產生偏誤。自動化聯想和相對性思考的影響往往同時出現。

自動化聯想的一個例子是，我們會自行運用記憶力或想像力，把某一起事件當成重要性或可能性的指標。因此，如果未來有一件事是很容易想像的，我們就會以為這件事發生的可能性較高，這就是「容易回想偏誤」（ease of recall bias）。如果我們最近聽說了某

件事，會認為這件事比前一段時間所聽到的事情更重要，則是可得性偏誤。最近發生的事件比起過去發生的類似事件，對我們的判斷力有更大的影響，前者是第一時間想到的首要意念（top-of-mind），後者則是模糊的記憶。

清晰鮮明偏誤（vividness bias）也與這些相關。印象或記憶愈清晰鮮明，我們就愈有可能受到影響。在日本福島核電廠災難之後，大家每天都不斷接收這個驚天事件的新聞報導和影片轟炸。那些清晰鮮明的印象會影響大家未來數年對核能的印象和判斷，即便核能發電每千瓦時造成的死亡事故比其他發電來源少得多。另一個清晰鮮明偏誤的典型特色，就是我們會深受遭遇不幸的個人故事影響，但對眾人的苦難卻麻木無感。[9]

另一個重要偏誤是敘事謬誤（narrative fallacy）。如果我們可以在大腦裡對某件事編造一個好故事，就會開始相信那是真的。舉例來說，有個常見的敘事謬誤例子是，如果一個少年在被提醒兩次之後還是沒有打掃房間，那一定是出於輕蔑無禮的蓄意行為。另一個例子是，辦公室裡有位同事沒有回覆一封重要的專案電子郵件，一定是企圖阻礙專案成功。這些故事或許言之鑿鑿，但不會因此就成真的。或許還有其他解讀。不過，即使根據的只是非常有限的訊息，但我們一旦構思出一個故事，就會輕易被說服。正如阿諾·葛拉索（Arnold Glasow）說的：「事實愈少，意見愈多。」

像這樣的聯想偏誤可能會嚴重扭曲我們的判斷。當然，行銷、新聞媒體、政治等各種領域專家都很懂得廣泛使用這些偏誤，用來

影響和操控我們的判斷。行銷人員利用重複展示清晰鮮明的電視廣告，給他們的產品創造可得性偏誤。政治人物利用扣人心弦的故事左右選民，即使故事背後的訊息有待商榷。新聞媒體和政治界喜歡用的另一種偏誤是月暈效應（halo effect）。藉由站在有錢有名的人身邊，政治人物可能給人更有權勢的觀感。同樣地，在銷售額和獲利率增加的時候，組織的領導階層可能會令人感覺其具備雄才偉略，即使他們的成功主要是因為隨機的市場變動。

另一種也有可能破壞良好決策的自動化聯想是定錨效應（anchoring effect）。錨點是指一個人丟出後，其他人以此為基準、而且抓住不放的數字。當無法確定正確數字究竟是多少，錨點的作用最強大。它們就算不相關，也能充當參考點。舉例來說，一位業主開價 45 萬美元出售房屋，就是拋出一個錨點給潛在買家。這個數字或許是嚴肅市場分析的結果，也可能只是賣方隨口說說開出的價格，因此沒有太大意義。不過，對於接住這個錨點的人來說，45 萬美元就是協商談判的起點。買方可能會說，「好吧，似乎太高了。你能接受 42 萬 5,000 美元嗎？」

在專家要預估某一個不確定因素的未來結果區間時，錨點尤其是個大問題，例如一間工廠下一個年度的營業成本。如果專家一開始就查詢去年的總成本，這個數字可能讓人很難去考慮其他事了。得到的結果很可能是太過狹窄的範圍，高值和低值都定得太接近原先的數字。專家若想避開預測區間結果太狹窄的風險，可以先從向後預測（backcasting）開始，從數值可能是怎樣產生的角度出發，

為高值和低值各編造一個亮眼的故事，並列出各自的理由。這是利用敘事謬誤當成新的參考點，以擺脫中心錨點。

＊　＊　＊

定錨效應是由自動化聯想造成的，而且和相對性思考的問題也有關係。在賣家建立 45 萬美元的錨點後，後續的討論就會一直脫離不了這個數字的定錨。其他類似的偏誤更多是基於相對性思考而生。在這些偏誤中，無論是有意還是無意的，判斷都會受到互相比較或對照組的影響。最常見的偏誤之一就是框架效應（framing effect）。一個問題的呈現方式，對於我們如何設想問題有很大的影響。當 A 產品經理問：「A 產品多久可以上市？」我們可能就不會思考 A 產品是否應該有優先權，或者是否能帶來最多價值。我們很容易接受「拋出的框架」，在這個例子中就暗指繼續推動 A 產品，即使 B 產品或 C 產品的價值可能更高。重要的是謹慎考慮決策的框架，而不是無意識地接受第一個丟到我們面前的框架。

去一趟食品雜貨店就能突顯出相對性思考的其他偏誤，例如參考點效應（reference point effect）。鮮黃色標語主打一捲廚房紙巾比原價便宜 0.2 美元，看起來可能就特別划算，即使列出的原價 2 美元是沒有什麼意義的參考點。脈絡效應（context effect，或稱情境效應）也很重要，如果在整個貨架都裝滿了原價商品，而黃色的特價標語是架上唯一的減價商品，那或許就大大提高吸引力了。

因自動化聯想與相對性思考產生的偏誤，
如何應對？

像這些偏誤的影響力通常是無意識的，而且可能導致不良決策。那我們該做些什麼避免呢？我們可以藉由覺察警惕這些偏誤，利用系統二思維來留意錨點、可得性影響、框架效應，以及其他心智陷阱。我們還能藉由培養謹慎良好的心智習性，質疑論斷，並在它們不是好的參考點時棄之不用，以此加強鍛鍊系統一。當然，我們也可以透過使用工具、流程、數據與專家意見來練習運用系統三。

對這些偏誤的了解更多，或許會令人疑惑，整個決策流程都建立在資訊判斷上，是否會讓流程變得不可靠？明智理性的人可能會問：「我真的可以相信大家的判斷，甚至是我自己的判斷嗎？」這樣的疑慮是合理的。偏誤可能會破壞 DQ。不過，只要小心辨認並避免它們，我們就有機會做出高品質決策。這一點已經再三證明過了，比方說，決策專家利用諸如龍捲風圖等工具，找出最相關的資訊，並使用精心設計的流程，確實可靠地蒐集這些資訊。[10]

社會影響

　　人是社會性動物。從搖籃到墳墓，我們在團體中的信仰與行為中適應社會生活，這說明了為什麼在特定社會成長及生活的人，通常會有類似的穿著模式，一天三餐的時間也大致相同，對於行為的對錯有相同的看法等等。

　　我們的社會性本質促成了整體社會的穩定和合作。不過社會性也有負面特點，是每個決策者都必須體認並抵抗的。第一個是從眾（conformity）。雖然團體組織經常標榜個性化與創新思維的優點，但是與團體相牴觸的想法卻未必受歡迎。截然不同的看法可能會遭到奚落或駁斥，而抱持那些看法的人可能遭遇排斥或敵意。即使我們相信自己正確，提出與團體牴觸的觀點還是會令人感到不安，無論是工作上，還是面對朋友和熟人。以偉大的達爾文為例，就因為可能惹惱許多虔誠的朋友（以及他的妻子）而苦惱萬分，以致於延遲了許多年才出版他開創性的演化著作。人類對從眾與接納的需求非常強烈。

　　許多時候，同儕壓力會在無意識中微妙地促進一致的想法。社會化同樣具有這種力量，將各不相同的看法匯集成一致的看法。社會心理學家的實驗證明了個人會順從團體改變自己的看法，而透過

可受暗示性（suggestibility）的影響，他們會接受並按照其他人的建議行動。有時候，從眾和可受暗示性的效應可能在團體中發起一種骨牌效應，造成瀑布效應（cascade effect）。舉例來說，某一個小組內第三位組員得知另兩位組員投票反對一項提案後，這可能就會讓她無視原本自己強烈支持提案的資訊。她可能以為其他組員有充分的理由才會投不同意票。事實上，前兩名成員或許訊息也非常有限，相當隨意專斷就做了決定。假如第三名成員分享資訊，說不定也會影響他們的投票意願。但是在瀑布效應中，從眾和可受暗示性阻擾了這種情況。另一個偏誤是團體迷思（groupthink），通常用來描述團體普遍會打消不同意見的傾向。團體迷思可能會使團隊產生危險的過度自信，表現出自我強化的凝聚力和觀點的一致性。這些團隊深信自己是對的，對相反的意見充耳不聞，對於那些帶來反駁證據的信使毫不歡迎。團體迷思和其他負面社會壓力的影響，是通往 DQ 之路上的真正危害。

因社會影響產生的偏誤，如何應對？

主動領導（proactive leadership）是一種系統二流程，在對抗團體迷思、從眾，以及其他社會壓力的負面影響時有其必要。藉由正確的方法與領導，團體可以做出更

聰明的決策。[11] 領導者應該培養一種系統一習慣，牢記衝突和不同的觀點是決策循環的燃料，鼓勵團隊成員發表不同的各種意見。事實上，決策團隊的組成應該要借用系統三，有意識性地納入各種不同技能、性格、觀點的成員。

如果太早達成共識，高明的決策者也會堅持進行辯論。將通用汽車（General Motors）打造成二十世紀最成功公司之一的知名執行長艾弗雷德・史隆（Alfred Sloan）曾說：「如果所有人一致認同決策，那我會提議延到下次會議再繼續討論這個問題，給我們時間發展出不同意見，或許也會對決策內容有一些更深的了解。」

總結

許多偏誤都有可能影響人類行為。如果專注在決策中最重要的偏誤，並按照它們的相關來源分門別類，要規避偏誤問題就容易多了。圖 10.3 是根據前面段落的討論，列出了每個類別中最重要的偏誤。我們必須善加運用系統一、二、三，避免這些偏誤的負面影響。

這些偏誤一次出現一個，就可能對決策品質有極大的影響。多了解這些偏誤，就能辨別出哪些對我們個人決策最切身相關，在日常生活中對其提高警覺，並設法盡量降低偏誤的影響。

當偏誤共同作用時，會產生更大的影響，或稱超大偏誤，進而影響個人的決策流程和組織文化。下一章將介紹最具危害性的超大偏誤，為後續章節探討的其他系統三工具及流程提供動機。

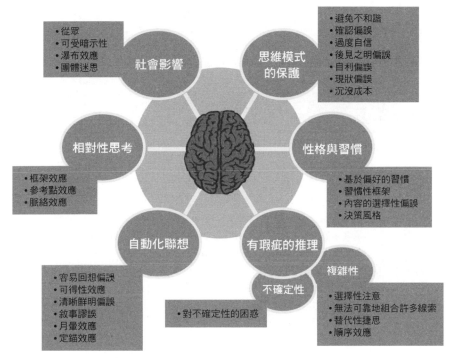

圖 10.3　各種偏誤的總結

注釋

1. 丹尼爾・康納曼，《快思慢想》（*Thinking, Fast and Slow*）。

2. 除了本書提及的其他資料，讀者還可以瀏覽：丹・艾瑞利（Dan Ariely）的《誰說人是理性的！》（*Predictably Irrational: The Hidden Forces that Shape Our Decisions*）；羅伯特・波頓（Robert A. Burton）的《人，為什麼會自我感覺良好？》（*On Being Certain: Believing You Are Right Even When You're Not*）；

麥可‧莫布新（Michael J. Mauboussin）的《泛蠢》（*Think Twice: Harnessing the Power of Counterintuition*）；理查‧塞勒（Richard H. Thaler）與凱斯‧桑思坦（Cass R. Sunstein）的《推出你的影響力》（*Nudge: Improving Decisions about Health, Wealth, and Happiness*）；菲爾‧羅森維格（Phil Rosenzweig）的《商業造神》（*The Halo Effect: . . . and the Eight Other Business Delusions That Deceive Managers*）。

3. 這個決策中的偏誤結構，是與賓州大學心理學系教授芭芭拉‧梅勒斯博士（Dr. Barbara Mellers）合作開發的。梅勒斯博士另外也兼任華頓商學院行銷學教授。由梅勒斯博士與共同作者珍妮佛及卡爾組成的三人小組，創立了「決策中的偏誤」課程架構，並在史丹佛大學的策略決策與風險管理認證學程講授。梅勒斯博士共同帶領這個課程達數年之久。

4. 康納曼，《快思慢想》。

5. 啟斯‧史坦諾維奇（Keith Stanovich），《理性與反省心智》（*Rationality and the Reflective Mind*）。

6. 要了解 MBTI 有許多資源可用。這裡的討論只是想要說明性格偏好在扭曲決策方面的作用，並強調如何避免這些扭曲。

7. 大衛‧艾迪的研究〈臨床醫學的機率推理：問題與機會〉（Probabilistic Reasoning in Clinical Medicine: Problems and Opportunities），收錄於丹尼爾‧康納曼、保羅‧斯洛維克（Paul Slovic）、阿莫斯‧特沃斯基編纂的《不確定狀況下的判斷》（*Judgment under Uncertainty: Heuristics and Biases*）。

8. 由於腫塊為惡性的機率是 1%，意思就是一千個腫塊之中有十個是惡性。而其中的 80% 可能是正確分類，所以就是一千個惡性腫瘤中，有八例被歸類為惡性。但是既然有九百九十例是良性腫瘤，其中 10% 會分類錯誤，那麼就是有九十九個良性腫瘤會被歸類為惡性。所以在一千個案例中，總共會有一百零七個結果顯示為惡性，但其中只有八例是真正惡性。因此，在分類為惡性之後，腫瘤為惡性的機率就是 8/107，也就是 7.5%。

9. 見史考特‧斯洛維克（Scott Slovic）與保羅‧斯洛維克的《數字與神經》（*Numbers and Nerves: Information, Emotion, and Meaning in a World of Data*）。

10. 有關決策專家諸多重要工具的概括總結，可參考彼得‧麥克納米與約翰‧賽羅納的《企業決策分析》。

11. 相關案例可參考凱斯‧桑思坦與雷德‧海斯蒂（Reid Hastie）的《破解團體迷思》（*Wiser: Getting beyond Groupthink to Make Groups Smarter*）。

11
決策品質假象：
侵蝕好決策的超大偏誤

> 人寧願相信自己喜歡的是真的。
>
> ——培根（Francis Bacon）

　　第 10 章概括總結了塑造我們的判斷、以及影響我們決策的偏誤與陷阱。內容採取主要是描述性的傳統行為科學觀點，也就是研究人類與生俱來的自然行為。該研究領域在過去五十年來有長足的發展，也對決策領域貢獻良多。關於人類自然會陷入的決策陷阱，已經有許多認識。

　　除了行為心理學家關注記錄個人的行為模式，也有其他專家一直以組織行為作為研究主題。以賀伯・賽門（Herbert Simon）、吉姆・馬奇（Jim March）、理查・賽爾特（Richard Cyert）的成果為

起點，研究人員發展出一套廠商理論（theory of the firm），以及在組織內如何做出決策的其他模型。這些研究工作的焦點同樣大多是描述性的，特點是自然而然發生的情況。這些行為科學結合起來，創造了大量知識，說明在不加干預的情況下，個人或者團體中的人會有什麼樣的行為表現模式。

當行為科學家給出有規範性的策略處方，也就是告訴我們應該如何做，而不是我們原本會如何做，他們主要是描述如何辨識、避免因人類偏誤引起的決策陷阱。這很珍貴，但是不足以達到高品質決策。沒有人能光靠著知道路上哪裡有坑洞，就得以到達終點。旅人必須了解自己想到達的終點，在決策中，這個終點就是 DQ。

關於 DQ 與超大偏誤

不同於大多數描述性的行為研究，決策專家的方向主要是有規範性的策略處方，焦點集中在「應該做什麼」，才能得到最多我們真正想要的收穫。他們以 DQ 為處方架構，試圖為個人和組織改善決策。

決策專家在與組織合作時，會遇到因多種偏誤共同作用而導致決策功能失常的超大偏誤。這些超大偏誤對於組織要做出良好決策的威脅性，可能遠大於前一章討論的單一偏誤。總結作者及同事的經驗，本章將涵蓋五個主要超大偏誤：

一、框架設定狹隘

二、DQ 假象

三、一致性陷阱

四、舒適區超大偏誤

五、鼓吹／核准迷思

關於如何避免各種超大偏誤的方法，我們也會一併討論，這些方法主要仰賴第 10 章介紹的三個系統：系統一，快速地平行處理大腦，靠著自動導航做判斷；系統二，有意識地深思熟慮思考流程，幫助我們在心中推理問題；系統三，取得工具、數據、專家，以及按部就班協助我們處理複雜決策的過程。許多超大偏誤的處方，與稍早提到如何消除單一偏誤的方法差不多。全部介紹完畢後，本章最後還會總結有助於避免超大偏誤的綜合行動。

超大偏誤一：框架設定狹隘

人類的心智不善於應付極其複雜的事物，因為它會用心智框架來簡化和理解世界。框架引導我們的思維，但同時也是一把雙刃劍。雖然它讓複雜的現實情況變得更容易處理，但是問題或機會的設想框架也變成了可能限制思維的框架。儘管我們需要這個框架，但是如果不小心，留在裡面很可能會讓我們陷入困境。

框架設定失敗是決策品質低落最常見的原因。這在實務經驗和

學術研究都得到了證實。前俄亥俄州立大學管理科學暨公共政策管理教授保羅・納特，針對決策失敗做了廣泛的研究。[1] 檢視納特的研究顯示，不良的框架設定或是毫無框架設定，是決策失敗最常見的來源。另一個證明這項論點的證據，來自前雪佛龍（Chevron）執行長大衛・歐萊利（David O'Reilly）。歐萊利擔任執行長期間大刀闊斧改革，要求雪佛龍所有重大資本決策都要用上 DQ 原則。被問到他認為在雪佛龍植入 DQ，價值創造的最大來源是什麼時，他指出是框架設定，並將過半的價值歸因於這一點。

愛德華・羅索（Edward Russo）與保羅・舒馬克（Paul J. H. Schoemaker）在《決策陷阱》（*Decision Traps*）書中指出與框架設定有關的三個陷阱。第一是未經審慎思考就「貿然投入」問題的解決辦法。當前的框架被無意識地視為已經確定下來的既定框架，是第二個所謂的「框架盲點」陷阱。另一個陷阱是「缺乏框架控制」，這是受到單一觀點的影響太大，卻沒有認真思考其他觀點的情況。太多決策都是受到這些框架設定陷阱的阻擾。只有在遇上問題又浪費了許多時間之後，才能明白看出重新設定框架的必要。

決策專家的經驗支持這個結論，即不良的框架設定是最常見、而且最破壞價值的決策失敗來源。以 SDG 的經驗來說，問題最大的框架陷阱就是框架設定狹隘超大偏誤：決策框架太過狹隘的傾向。[2] 傾向於行動的偏好會誘使我們貿然投入，結果就是我們選擇了（不管是不是有意識的）太過狹隘的框架。我們急切地想要快速行動，做出沒有根據的假設，並且將其當成事實。我們習慣透過自

己最熟悉的、可以快速完成的方式看待情況，因此看到的景象都是被這些「濾鏡」修飾過的。我們尋求證據支持自己的假設以及不恰當的狹隘框架。然後參與者圍繞著一個看似「過得去」的框架達成協調一致。結果，我們就開始解決錯誤的問題了。

如果我們解決的根本不是正確的問題，很顯然並沒有辦法達到決策品質，或是得到最多我們想要的東西。

避免框架設定狹隘的超大偏誤

正確設定框架有莫大的好處。正確設定框架的話，我們從一開始處理的就是正確的問題或機會，而且避免以後要重新設定框架，又節省了時間。收穫這些好處最可靠的方法，就是個人或組織養成習慣，任何重要決策都要有意識地慎重確立框架。每當要做決策時，系統一的第一個本能應該是問：「這個情況最適當的決策框架是什麼？」這一點說比做容易，因為大部分人的第一個衝動就是還沒有花時間給問題設定正確的框架，就開始解決問題，或者乾脆接受別人建議的框架。跟系統一所有的好習慣一樣，適當設定框架也可以透過系統二的訓練和重複活動來培養。而且這是值得建立的思維習慣，因為刻意關注框架設定是

DQ 的關鍵必要條件。

要避免框架設定狹隘的超大偏誤，DQ 的流程和工具效果特別強。當有待討論的是策略決策時，一場結構完善的框架設定會議，可以幫團隊產生多個不同的框架，辯論各自的優點，並挑選出最合適的一種。老練的會議主持人會引導參與者避開團體迷思行為，並產生更多跳脫常規的想法。主持人可以利用訪問利害關係人，以及分享不同觀點，鼓勵有效益的衝突，為那些在會議中為任務帶來不同技能或質疑主流假設的人，賦予正當性。等到框架釐清明確，本書先前提到的決策體系就是檢驗框架的有效工具，可測試其品質，並確保框架不會太狹隘。

重大但比較不複雜的決策，可能不需要框架設定會議這麼正式的步驟，但是同樣也能從慎重考慮及使用決策體系工具中獲益。

第 3 章概略列出在重大決策及策略決策中達成 DQ 的決策流程：DQ 評估循環以及對話決策流程（DDP）。這些流程在第 12 章與第 13 章將有更完整的敘述，而其具體目的是為了減輕常見的超大偏誤。這些流程都是從刻意關注框架設定開始，而使用這些流程就是一種強大的系統三行為，可以有效避免框架設定狹隘。

超大偏誤二：DQ 假象

決策教育基金會（Decision Education Foundation, DEF）是非營利團體，主要針對年輕人及教師講授決策技巧。DEF 的培訓方案是從模擬開始。他們先給參與者觀看一段設定決策情境的短片，接著五、六人為一組，請他們決定要做什麼。等到做完決策並記錄後，再請參與者按照 0 到 100％，給他們的決策品質評分。而始終不變的是，大部分人給自己的評分通常落在 70％到 90％，平均為 80％。顯然他們頗滿意自己的決策和做決策的方法。

DEF 講師接著會介紹 DQ 與其六大必要條件：適當的框架、有創意的替選方案等等。然後請參與者分別依照這些必要條件，一一給他們的決策評分，以 100％為決策改善程度不值得多花時間心力的基準點。屢試不爽的是，參與者至少有一項必要條件的分數會低很多，最低的通常在 25％左右。由於整體決策品質是以最弱環節的分數作為評比結果，因此決策的品質就是 25％。所以最初感知 DQ（80％）與實際 DQ（25％）之間的落差 55％，就是 DQ 假象超大偏誤存在的證據，這個超大偏誤會導致我們以為自己的決策品質高出實際品質許多。

DQ 假象超大偏誤並不限於青少年，在那些動輒做出幾百萬美元重大決策的高階主管身上，也常常能看到這一點。企業領導人尤其容易受這種假象影響。許多人以為自己脫穎而出成為領導人，是因為天生的決策能力優異。其實，他們跟其他人一樣，天性設定也

是習慣做出「過得去」的決策，而不是優質決策。於是，我們會藉由找出支持性證據，利用後見之明，用上其他自利的偏誤，創造 DQ 假象，讓我們滿意於自己的選擇。

避免 DQ 假象超大偏誤

大多數人包括企業高階主管在內，都在不知不覺中錯失了許多價值。我們太容易高估了自己決策的品質，甚至沒有發覺我們無意中所錯過的價值。意識到我們天生的決策缺點，是克服 DQ 假象很重要的第一步。像是 DEF 採用的簡單練習，就能突顯出感知與現實之間的落差，產生恍然大悟的一刻，讓我們體認到，我們以為自然而然地做出了好決策其實是一種假象。

下一個抵抗 DQ 假象的防護措施，就是在系統二安裝 DQ 思考工具——DQ 的六項必要條件，以及 100% 的定義。接著訓練系統一養成習慣，在做重大決策或策略決策之前檢查 DQ。我們可能還會利用系統三借助工具，比如 DQ 滑尺量表、DQ 評估循環（針對重大決策）、對話決策流程（針對策略決策）。一旦克服了 DQ 假象，日後每當必須做重要抉擇時，我們自己就會去找這些工具輔助了。

戳穿假象的一個強大方法，就是在重要和複雜的問題套用 DQ 架構。只要符合了 DQ 的必要條件，DQ 的價值也就顯而易見了。比起沒有 DQ 所能得到的價值，達到 DQ 通常可讓決策的潛在價值翻倍。這種情況一旦出現過，決策者就永遠明白了，那麼從此以後他們便不會再想用其他方法做決策了。正如先前提到的，許多高階主管曾對作者說：「真希望我在生涯早期就了解這些。」

超大偏誤三：一致性陷阱

有資料清楚顯示，在適當的情況下，群體形成的判斷可能優於個人。按理說，集思廣益比一個人埋頭苦思好，但是群體的判斷未必都是好的。團體行為的動態可能導致從眾、團體迷思，以及誇大的 DQ 假象。這就造成另一個超大偏誤，我們稱為一致性陷阱（agreement trap），也就是我們將意見一致和好決策混為一談。一致性會促使人說出：「這必定是好選擇，因為所有人都同意。」不過，一致性跟 DQ 的必要條件沒有什麼關係。正如前面有關個人的描述，當團體以 DQ 的必要條件來評量決策的品質，通常會在他們商定的選擇中發現相當大的落差。舉例來說，專案團隊可能沒有充分的相關資訊或可靠資訊，甚或是沒有人想到去檢驗團體的假設。

如果是到了決心行動時，一致性是好事，大家有一致的目的投

入行動。但是在決策流程期間，沒有 DQ 的一致性會摧毀品質。我們都目睹過一致同意一派胡言的情況。但我們真正想要的是，一致同意一個符合 DQ 六項必要條件的優質決策。

避免一致性陷阱超大偏誤

對抗這個超大偏誤的第一道防線，就是體認到意見一致不等於 DQ。決策品質是以六項必要條件來衡量。將這些必要條件安裝成系統二的思考工具，並在做決策之前有意識地使用，就能抵銷將一致性與 DQ 混淆的社會心理。

做出決策之前，衝突是燃料；做完決策之後，一致性是有效執行決策不可或缺的共識。我們必須避免過早出現一致性，並為衝突矛盾的觀點提供安全的平台。凱斯‧桑思坦與雷德‧海斯蒂在《破解團體迷思》書中，提供大量的建議和工具，教你如何避免過早出現一致性。這類預防措施也被設計納入以 DQ 為本的決策流程（DQ 評估循環及對話決策流程），在達成最終一致意見之前，促進對話和檢驗。

超大偏誤四：舒適區超大偏誤

前一章提到過，基於偏好的習慣可能造成「你所看到的就是全貌」觀點，以為我們所擁有的就是處理情況所需的一切。這種危險的心態如果結合其他偏誤，比如自利偏誤、決策風格偏誤、確認偏誤，危險性會加倍。結合的結果就是舒適區超大偏誤：傾向於將問題拉入我們的舒適區，解決我們知道如何解決的問題，而不是解決真正需要解決的問題。

舒適區超大偏誤綜合了許多個別偏誤，而且廣受注意。這造成了決策者面臨的重要挑戰之一：我們做自己知道怎麼做的事，而不是決策需要的事情。想像一群教育程度和經歷相似的行銷專家，聚在一起做決策會是什麼情況。基於他們共同的背景和基於偏好的習慣，很快就會用上團體迷思和從眾，說服自己相信，他們的行銷技能正是決策需要的。他們會蒐集支持性證據，忽視有矛盾牴觸的訊息，以避免不和諧。他們接著會以看似恰如其分的方式，給其他人設定問題的框架。他們還會善用自己的行銷技能，憑藉著可得性偏誤和定錨效應影響同事的想法。這種累積推進可能會將舒適區超大偏誤變成嚴重問題——還有拙劣的決策。

避免舒適區超大偏誤

　　避免舒適區超大偏誤的關鍵，是利用系統二和系統三，從第 3 章概述的重要程度、組織複雜性、分析複雜性、內容挑戰、可能的決策陷阱等方面，了解問題的真正本質。這樣的診斷之後，自然能發現找出最大價值的最佳方法。下一步就是發展出真正適合決策的框架。如果決策需要的工具和技能超出我們的舒適區，應該要尋求外援。

　　防止這種超大偏誤的方法，就是問自己，如果是其他具備截然不同技能組或經驗基礎的人，對這個情境會有什麼想法。這是系統二尋求否證性證據，擺脫我們習慣性做法的操作練習。比起想像別人會怎樣看待問題，更好的辦法就是直接問他們。

　　在策略決策中，嚴謹周密的分析用在分辨重點在哪裡極有幫助。精明的決策專家會利用循環重複流程。他們先從簡單的決策模型和粗略的計算分析開始。接著是測試不同假設的敏感度，針對重要的地方做改善，然後再次循環重複。這種方法做出來的分析，會迫使我們專注在問題的重要層面，而非熟悉的部分。

　　想像一下，現在有個關於推出新系列印表機的策略決策。產品經理自然會認為，最重要的因素與印表機的營收

有關，包括市場滲透率和產品衰退前的尖峰銷售額。這個熟稔自在的起點，會鼓動經理將焦點集中在「確立印表機客戶群」這個熟悉領域，判斷功能是否符合顧客期望，預估滲透率，並預測印表機年度銷售成績。不過，簡單的決策模型可能會透露出，決策的最大價值來自耗材的持續銷售，比如墨水匣，在最初的印表機銷售之後，消費者還會持續購買多年。這樣的發現會導致經理額外重視耗材的決策，蒐集更多耗材市場的相關資訊，並在建立決策模型時加入更多這樣的細節。隨著探索研究持續，像第 8 章介紹的龍捲風圖，就能幫忙找出最強大的價值動因。從這些建立模型和分析得到的精闢見解，能幫產品經理專注在重要的事，並避免舒適區超大偏誤。

在重大決策中，可能不需要精細的決策模型，但是依然可以用循環重複的概念來避免舒適區超大偏誤。舉例來說，想像一個體重過重的退役運動員，為了解決嚴重的髖部疼痛問題，要從兩種方法中做選擇。一個方案是動手術，另一個則是接受大量的物理治療並改變生活方式。這位運動員的職業生涯曾多次受傷，大概對物理治療相當熟悉，或許會強烈傾向這個選項。但是在匆忙做出決定之前，他應該先確認自己是否受舒適區超大偏誤之害。與其尋找證據來證明目前的想法，他應該考慮決策品質的每個必要條件是否都達到了高標準。如果沒有，他應該從最弱

的環節開始加以改善。他或許需要花更多時間思考，並找其他人聊聊，釐清他的設想框架，多了解替選方案，並想想自己重視的價值。他可能還需要蒐集更多資訊。物理治療加上改變生活方式，解決疼痛的可能性有多大？他真的能維持新的生活方式？手術是否能徹底解決問題，或者過去受傷的後遺症會限制成功機率？手術的風險是否在接受範圍內？還有沒有其他選項？隨著了解愈多，這位年紀漸長的運動員可以繼續檢查不同選項的品質落差，根據需求縮小差距，直到他準備好做最後決定。第 3 章介紹過，這個循環重複必要條件的流程為 DQ 評估循環。第 13 章我們還會再深入討論。比較正式的策略決策流程，即對話決策流程，會在第 12 章探討。兩種流程的設計目的，都是為了在應用系統三時，幫助人們避免舒適區超大偏誤。

超大偏誤五：鼓吹／核准迷思

大部分組織會使用鼓吹／核准的決策流程：將決策問題指派給個人或一個團隊，然後由他們負責找出最佳解決方案，並向作為決策者的審核單位鼓吹遊說，由審核單位決定接受或拒絕建議。這個流程會導致兩個問題。第一個是鼓吹迷思（advocacy myth），也就是成功的鼓吹支持，會被誤解成是一種證據，證明他們推薦決策的品質優異。

因為被決策者拒絕會被視為失敗，於是鼓吹者就會竭盡所能為自己的提案辯護。鼓吹者的目的就是向審核單位推銷其提議的優點。基於這個動機，鼓吹者高度傾向挑選支持己方論據的數據資料、替選方案、評估結果，也就不令人意外了。鼓吹者不太可能提出和他們的建議有顯著差異、別出心裁、又有說服力的替選方案，因為那就等於是給質疑者額外提供彈藥。他們提議的解決方案也不太可能公正地描述不確定性。畢竟，他們的職責就是成功有效地說服審核單位。

　　鼓吹迷思的必然結果就是核准迷思（approval myth），意思就是經過審核單位激烈詰問後核准的建議辦法，必定有高品質。

　　當鼓吹者提出一項建議，審核單位的決策者認為他們有責任嚴厲提問，要求可信又有把握的答案。鼓吹者則盡力給所有問題提出有說服力的答案。如果他們成功了，審核單位就不得不核准。如果不成功，建議會被拒絕，鼓吹者就得從頭來過。但是就算建議被接受了，詰問也不會改善決策品質。鼓吹者提出的建議選項若不是本來就有品質，要不就是沒有。只能對單一建議選項說「好」或「不好」的決策者，早已放棄他們確保決策品質的權利與責任。

　　將這兩部分組合起來的鼓吹／核准迷思（advocacy/approval myth）是個可怕棘手的超大偏誤：誤以為靠著強力鼓吹和激烈質問，就能達成高品質決策。除非質問特別聚焦在 DQ 必要條件上，否則根本不會了解到建議選項的品質。如果替選方案薄弱差勁，資訊不可靠，或者推理不完備，再多的鼓吹或質問都無法改善決策。

品質必須烙進決策中——而那是不可能在最後檢查出來的。

在一些組織中，鼓吹／核准流程會經過高度演變。鼓吹者精煉他們的說服技巧，而審核單位也非常善於用犀利的問題鑽研細節。令人意外的是，有許多組織認為這個有瑕疵的流程能得到良好的決策。其實不能。反而是讓決策流程逐漸變成個人之間的競賽，壓抑了替選方案的發展，並慫恿鼓吹者使用所有讓競賽有利自己的資訊。這會助長錨點的操縱利用、敘事謬誤、誤導性的框架效應。也會促進過度簡化和扭曲不確定性，以便促成最有說服力的說法。

避免鼓吹／核准迷思

負責在重要決策中達成 DQ 的人，都不應該滿足於鼓吹／核准方法。對抗鼓吹／核准迷思最強而有力的手段，就是從鼓吹者與核准者之間固有的競爭，轉變成替選方案之間的競爭。競爭的應該是替選方案，而不是人。如此去除了會抑制替選方案的動機，以及選擇性只採用支持鼓吹者建議的資訊，便也徹底改變了流程。這樣的轉變反而促進真正就替選方案辯論，並鼓勵通盤了解原有的不確定性，以及每項替選方案的價值動因。這種轉變就是對話決策流程的核心，下一章將會討論。

避免超大偏誤的總指導方針

　　這裡討論的五個超大偏誤，是組織努力改善決策的嚴重阻礙。超大偏誤會破壞 DQ，所以設法避免它們是很划算的投資。第一道防線就是覺察警惕，並體認到它們的破壞潛力。當然，接下來具體怎麼做，端視決策的背景脈絡以及需要避免的超大偏誤。一般來說，一旦下定決心要避免超大偏誤，可以用上系統一、二、三來改變心智習性，安裝新的思考工具，並取得數據、專家、工具、流程——尤其是決策流程。接下來章節敘述的決策流程，就是針對在達到 DQ 終點的旅程上，避免偏誤及超大偏誤而特別設計的。

注釋

1. 保羅・納特，《決策之難》。
2. 奇普・希思（Chip Heath）與丹・希思（Dan Heath）在《零偏見決斷法》（*Decisive: How to Make Better Choices in Life and Work*）書中，也指出這個超大偏誤是四大「惡棍」之一。

12

掌握大局的雙贏公式：
高品質的策略決策

> 做事不需要花太多力氣，但是決定做什麼需要很大的力
> 氣。
>
> ——阿爾伯特・哈伯德（Elbert Hubbard）

策略決策真的很重要，那是決定企業與個人人生方向的大決策。大部分的情況下，這些決策有長期影響，因此牽涉到大量的不確定性。策略決策幾乎都是涉及需要投入重要資源、而且不可逆轉的承諾，還可能涉及有不同信念與利益的利害關係人，使得價值和取捨變得複雜。這些複雜的決策都值得再三慎重斟酌。

在做這些決策時，特別重要的是避開前一章提到的超大偏誤。策略決策的框架不應該設定得太狹隘，或是拖入舒適區，讓我們忍

不住想去做自己知道怎麼做的事，而不是需要做的事。在做這些決策時，應該排除使用鼓吹／核准流程。所有參與者應該在學習的框架內運作，並堅持明確檢視決策品質的必要條件，而不是被 DQ 假象所蒙騙。此外，參與者之間的意志一致不能與決策品質混為一談。對話決策流程（DDP）的作用就是為了避免這些超大偏誤，並且滿足 DQ 的必要條件。

有效率的對話決策流程

對話決策流程（圖 12.1）證明了它能夠成功且有效率地達成 DQ。由 SDG 開發的對話決策流程，設計目的是為了引導決策者，透過與專案團隊的對話，在過程中創造協調一致，並致力於獲取最高價值，最終做出優質決策。

決策委員會：組成方式與責任

對話決策流程牽涉到兩方人：決策委員會和專案團隊。決策委員會的活動列在圖 12.1 的最上端一行，由至少一個人組成，他們的責任是做出符合 DQ 必要條件的決策。

無論是一個人還是一群人，決策委員會必須有權力堅持決策，並分配足夠的資源以達到成功實行。在對話決策流程中，決策委員會成員的時間和參與，都集中在達成 DQ 所需的最低限度關鍵互動。

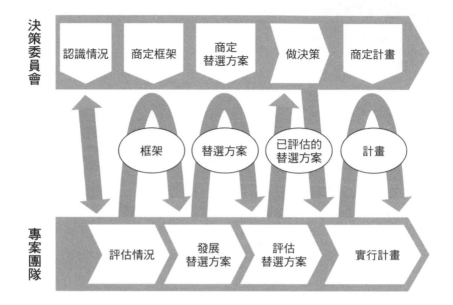

決策委員會

認識情況　商定框架　商定替選方案　做決策　商定計畫

框架　替選方案　已評估的替選方案　計畫

專案團隊

評估情況　發展替選方案　評估替選方案　實行計畫

圖 12.1　對話決策流程

　　這個團體有好幾種不同名稱，包括決策審查委員會（decision review board）和指導委員會（steering committee），不過這個團體不只是審查決策或是指導方向。本書採用決策委員會這個名稱，強調該團體對決策及其品質有最終所有權。

　　這種決策機構的成員如果不是真正的決策者，而只是代表，會減少成效。這種情況在合資企業常常發生，決策委員會成員未獲得授權投入重大資源。這種情況下，對話決策流程必須多納入一層對話，就放在圖 12.1 的最頂端之上，在流程的關鍵點上讓獲得充分

授權的決策者參與，也就是在替選方案拍板定案時，還有最後的決策點。

　　理想的情況是，決策委員會成員受過充分的 DQ 訓練，能基於他們落實 DQ 的權利，對專案團隊提出適當要求（見下方附註欄）。注意，這些「權利」（也是他們的責任）與 DQ 的必要條件要協調一致。決策委員會成員在每個對話會議中與專案團隊交流互動，是為了達成一致，並且確認討論的權利與必要條件達到高品質。在決策專案進行的過程中，必須實現所有決策權利，進而滿足所有 DQ 必要條件。

決策者的權利宣言

　　每個決策者都有權要求決策品質，方法如下：

一、決策**框架**，在最密切相關的背景下建立決策結構。
二、有創意的**替選方案**，以便在各種切實可行的不同選擇之中挑選。
三、確實可靠的相關**資訊**，以此為決策的基礎，包含原本固有的不確定性。
四、從決策者的**價值**來理解每項替選方案的可能結果。

五、完備的**推理**與分析，讓決策者可以得出有意義的結論，並選出最好的替選方案。

六、一個能幹的決策專案領導人，可以取得協調一致，並**有決心投入**最佳行動。

＊來源：SDG 及決策專家協會

專案團隊：組成方式與責任

對話決策流程的第二組參與者是專案團隊，包括的人有：（一）受決策委員會成員信任，可以對圖 12.1 底端一行顯示的活動做出重要貢獻的人；（二）決策及最終實行決策行動的重要利害關係人。專案團隊的職責是評估情況，提出框架建議，發展替選方案，建立決策模型，蒐集需要的資訊，應用完備推理來評估替選方案，提出清楚的替選方案對照比較，並向負責做決策的決策委員會建議行動方針。

由於大多數策略決策在本質上是跨部門的，加入這些團隊的人通常遍及組織的各部門。成員可能包括財務分析師、成本與定價專家、行銷與銷售代表、技術專家，以及／或者具備決策所需專業知識的其他人等。他們必須被決策委員會認可為誠信可靠。而且正如第 9 章提到的，專案團隊納入實行者可建立責任感與使命感，提高

成功執行的機會。

決策委員會與專案團隊的對話

　　決策委員會和專案團隊會在以具體交付目標為重心的表定會議中互動。這些檢查點的目的，是針對圖 12.1 所顯示的關鍵 DQ 基石達成一致。每次會議上，專案團隊將他們的調查結果傳達給決策委員會成員後，後者可以請團隊清楚說明，更深入挖掘，或是填補空白。圖中間的橢圓形（框架，替選方案，已評估的替選方案，計畫）代表決策委員會在每個檢查點的交付目標，以及必須達成的一致意見。這個按部就班的階段性協議為組織在決策上提供了基礎的一致性，即使在有高度衝突的情況下也有其作用。

聰明人這樣精準決策：對話的四個階段

　　決策委員會與專案團隊的對話會經歷四個不同階段。第一個是在決策委員會成員或專案團隊成員發起對話決策流程之後。（這是圖 12.1 的左邊用雙向箭頭的原因。）發起之後，在領導者宣布必須有條理、嚴密精確地處理策略問題或機會時，就算正式展開對話決策流程了。決策委員會被賦予做出高品質決策的責任，與此同時專案團隊也成立了。

階段一：評估情況並商定框架

這個階段的目標是適當地設定決策的框架。專案團隊的行動包括透過研究決策的脈絡背景來評估情況，蒐集專案團隊成員和其他關鍵利害關係人的觀點，了解重要的議題、價值、技術限制。有了這些資訊，團隊釐清了決策的目標和觀點，並提出設定問題界線的範圍：哪些決策在框架內，哪些在框架外？

這階段與決策委員會的框架對話，包括詳細討論專案團隊提出的框架。委員會成員可能建議給框架增加新決策，或者建議有些決策留待以後，甚至是徹底排除。等到達成意見一致，決策委員會也相信專案團隊以正確的方式處理正確的問題，這個對話步驟就算完成。他們商定了必須解決的問題。

階段二：產生有創意的替選方案，並商定出有待評估的選項

對話流程的下個階段，就是商定有待評估的替選方案組。在產生替選方案時，專案團隊必須記住第 5 章舉出的特徵。替選方案必須有創意，而且在重要的方面彼此有顯著差異。它們應該代表涵蓋範圍廣泛的選項，各個都是合理的選拔競爭者，也應該可行而且具說服力。

與決策委員會對話的結果可能是刪除一些替選方案，同時增加、改進、加強其他替選方案。這個對話階段的目標是改善替選方案清單。結束時，決策委員會成員必須確信：（一）專案團隊清楚知道要評估的替選方案組，（二）這一組替選方案包含了能找到的

最佳選項。他們還必須留意，最終決策的品質再好也不會超越考慮中的最佳替選方案。

階段三：評估替選方案並做出決策

商定替選方案後，專案團隊利用完備推理來評估每項替選方案的結果。以大部分策略決策來說，團隊會發展出決策模型（通常是用試算表程式建立），模擬每項替選方案的結果，並以利益相關的價值來表述。最終價值可能量化成第 7 章討論的等值的淨現值，包括有形與無形價值、折現效應、不確定性。另外，最終價值可能以非金錢衡量指標來量化，比如達成組織任務或目標的可能性。

評估的目的是要在各種不確定性下決定最佳選擇。關於這些不確定性的資訊，是找合適的專家蒐集而來，並輸入決策模型。按照循環重複的方法，團隊直接開始進行，然後利用像是龍捲風圖等工具得到的見解，判定是否還需要其他細節。到最後，結果會顯示出每個替選方案的優點與弱點、原本具有的不確定性，以及對組織的價值。

評估或許還能提供洞見，讓團隊得到新的混合替選方案。混合選項結合了評估中各替選方案的最佳特點。混合選項這個新的替選方案，通常減少了風險或是增加現有替選方案的價值潛力。許多時候，混合選項會獲選為最優替選方案。

整個評估工作的重點，當然是給予決策委員會成員必要的洞見，以便比較替選方案，考慮必要的取捨，做出符合 DQ 必要條件

的周全選擇。等到評估工作完成，專案團隊會在另一次對話會議中將結論提呈給決策委員會，提供細節說明哪個替選方案最好，以及為什麼優於其他選項。接著就是由決策委員會來做必要的取捨，並做出最後的決策。

當兩組人都做好自己的工作，最佳選擇通常就顯而易見了：框架清楚，替選方案有說服力，評估結果清楚指出什麼是最好的。不過在決定之前，決策者必須深入挖掘並充分了解每個替選方案相關的不確定性，以及如何處理這些不確定性。

等到做出決策了，決策委員會將對這個決策完全負責，而且必須做好辯護捍衛的準備。最佳的防守就是有充分的決策品質證明記錄，也就是說，DQ 六項必要條件的達標情況。

階段四：設計並商定實行計畫

等到選出最佳替選方案，就該為這個替選方案發展出完整的實行計畫。當然，最初確立的所有替選方案本就著眼於執行，但是到做出抉擇之前，實行方案的資訊都一直僅限於達成決策所需的程度。現在，需要更具體的計畫，以確保行動的決心和有效執行。如果負責實行的領導者被納入其中（本應如此），他們對獲選的替選方案就會有充分了解，可以輕鬆地轉成詳盡的執行規畫。行動方案應該包括需要的資本分配、人員配置、時程表、應變計畫、風險調適措施。到了這個時候，轉移到實行團隊的工作就能算完成了。

決策委員會採用以 DQ 為重點的對話決策流程，成員就能確信

他們選出了最理想的前進路線，並且避免了執行期間時時會出現的決策失敗。

決策情況各有不同

圖 12.1 指出了決策委員會與專案團隊四個階段的對話互動。實際操作時，會議次數和決策專案的持續時間，是由實際情況來決定的。比方說，如果在對話決策流程開始進行之前就有清楚的框架，那麼框架會議與替選方案會議或許可以合在一起。或者評估結果若是很複雜，那麼決策委員會或許會希望在決策之前，有二、三次會議可以多了解一些。

以時間軸來說，加快速度的對話決策流程可能只需要兩個星期，比如評估一次收購機會，但是投資決策這種超大專案可能就需要五、六個月。不過，大部分策略決策可以在二至三個月的時間完成。當然，這會因產業、業務的複雜程度、專案團隊可得的資訊品質，而有顯著差異。無論會議的最終數量以及時間長短如何，對話決策流程的目的就是確保決策委員會有把握 DQ 的每項必要條件都成功有效率地達到高品質。

對話決策流程的優點

因為設計方式的關係，將對話決策流程應用在策略決策上，將減少五種超大偏誤。

一、對話決策流程的第一個階段主要專注在決策的框架，促進對話以抵銷「框架設定狹隘」的超大偏誤。

二、因為是有系統地以整合方式處理 DQ 的必要條件，對話決策流程方法創造的是真正的 DQ，而非「DQ 假象」。

三、透過成功的對話決策流程形成的意見一致，有 DQ 必要條件的品質為基礎，幾乎不會落入屈就低品質選項達成共識的「一致性陷阱」。

四、有意地提高每項 DQ 必要條件的品質，包括預先釐清框架，幫忙抵銷處理熟悉問題而非實際問題的「舒適區」超大偏誤。此外，利用決策工具集中心力處理重要的因素，而非那些已充分了解的因素。

五、對話決策流程轉移了鼓吹者與核准者之間的競爭，因而避免了「鼓吹／核准迷思」，並有利於協同合作，從替選方案的競爭當中尋找最大價值。我們更善於做相對比較而非絕對判斷，因此比較一組替選方案好壞，要比在團隊鼓吹捍衛的單一提案中設法挑錯更容易。

對話決策流程的結構也提供其他優點。以適合的方式納入適合的人，並在過程中讓他們適時參與對話，會讓組織第一次就做出正確的決策。這樣可節省因為後期重新設定框架，或是最後關頭新增替選方案而流失的時間。決策者的時間有限，而且需要專注在確保達成 DQ。意見一致是基於在簡短的目標導向討論中，檢討並修正

過的清楚交付目標。整個流程可配合任何策略情況量身制定，而且給決策者機會整合強勢領導與有效合作，以達到更高品質的決策。

對話決策流程的實戰故事：全速前進

加拿大的亞伯達省有數十億桶原油，鎖在被稱為油砂的礦床中，其中一種非常沉重黏稠的原油形態叫做瀝青（或柏油），在地底下和沙、泥土、水混在一起。這種混合物若接近地表，可以挖掘出來加工處理後取得瀝青，之後又可以轉化成一種有價值的原油形式，稱為輕甜原油（輕是因為用於製造煤油和汽油的輕質分子比例較高，而甜是因為含硫量低）。但是油砂若是遠低於地表，要取得瀝青就困難許多。

有一家公司為了開採地下瀝青的技術努力了三十年。他們最後終於成功了。新開發的流程利用一種獨特的方法，將蒸汽注入地表下深處，等到瀝青被蒸汽的熱度軟化後再採掘。該公司由工程師與地質學專家組成的專案團隊興奮期待，要在公司租用的一片偏遠土地施行這項新流程。在他們看來，這個偏遠地區將成為示範計畫的所在，而且現場還有一座煉油廠能生產市場非常重視的輕甜原

油。專案團隊一再鼓吹這個計畫，但是每次都被拒絕。

最後，管理團隊意識到，必須在這塊偏遠地區的租約到期之前做點事，但他們不喜歡專案團隊的提案。於是他們要求專案團隊使用對話決策流程，希望達成優質的決策。

管理團隊在這個對話決策流程可以充當決策委員會。為了讓專案團隊產生最多效益，所以他們給團隊增加了新成員，包括來自公司企業策畫小組中經驗豐富的財務分析師和價格預測專家。這些新增成員帶來的技能，與那些創造開採技術效益的工程師與地質學家可以有效互補。場地設施的設計師與實行者也是團隊的一部分，並且請了一位決策專家帶領這些工作。

專案團隊先用對話決策流程釐清框架。團隊成員在啟動會議上發想、討論，並將決策的一長串重要議題列出優先順序。接著把他們的目的與觀點寫成一頁的聲明。他們還發展出決策體系，給決策方案擬定範圍。這些框架設定素材，形成了團隊與決策委員會第一次對話會議的基礎。

在第一次對話決策流程會議中，決策委員會成員提出許多問題，並分享他們的看法：「你們能不能解釋這個？」「你們為什麼認為現在需要處理這個情況？」「我們有沒有競爭對手的開採技術資訊？」「在知道需要多少電力之前，我們就別擔心開採現場由誰來供電了。」「我們應該納入由

別人替我們提煉瀝青的決策。」在這些討論中，決策體系得到修正，決策委員會及專案團隊最後也商定了框架。

在接下來的階段中，團隊開始確立一組替選方案。不出意料，他們希望納入全面（開採加上提煉）的替選方案。在他們看來，公司對這項新技術應該採取「要做就做大，不然就別做」的態度，但在第二次對話決策流程會議中，決策委員會駁回了這個全面性做法，因為不符合公司對於油砂的整體計畫──或者說不符合他們的資本預算。於是，決策委員會要求其他替選方案，包括一些範圍比較有限的選項，還有把時間拉更長的選項。這是決策者第一次直接和專案團隊討論其他構想。在領導者的堅持下，專案團隊無奈地接受，評估其他包含了比較審慎選項的替選方案組。

接下來的評估工作產生的見解令團隊大感意外。分析指出，利用新技術移出瀝青獲得的價值最多，其次是將提煉工作外包給其他人。由於運輸黏稠濃重的瀝青情況複雜又費用高昂，進行對話決策流程之前，他們不曾認真考慮過這個方案。但是到最後，運輸相關的總成本比在偏遠地區建立煉油廠的成本低。

這些結果就在第三次對話決策流程會議中提出。最後，他們清楚掌握了在現場使用新技術能夠得到的價值。領導團隊迅速推進到決策，並且對決策品質相當有信心。

雖然最終定案的是個謹慎持穩的計畫，不過先前陷入鼓吹／核准戰鬥泥淖的專案團隊，接下來總算能全速推展計畫，展示他們新的開採技術了。

油砂公司的對話決策流程正面經驗並非個例。類似的例子在其他數百個組織及各行各業中屢見不鮮：化學製品、製藥、航太工業、能源生產、高科技、電信、運輸交通，甚至好萊塢電影製作。經過數十年的應用，對話決策流程已經成為策略決策的最佳實務。

* * *

雖然對話決策流程用於策略決策非常理想，但是對於高階主管每週都要面對、沒那麼複雜的許多重大決策，卻是殺雞用牛刀。下一章將探討用於重大決策的精簡版 DQ 評估循環。

13
做出對的決定：
高品質的重大決策

> 我們走的道路比宣之於口的目標重要。決斷影響命運。
>
> ——菲德烈克‧史畢克曼（Frederick Speakman）

前一章說明了一個強大的流程（對話決策流程，DDP）怎樣應用在塑造組織未來複雜性高且重要的策略選擇。如果應用得當，這個流程可以幫助組織避免偏誤，並就高品質的決策達成協調一致，但是只有少部分的決策複雜程度大到需要用上對話決策流程。

其他決策很多是關係重大，不過並沒有那麼複雜，或者可能不及策略決策那麼重要，但依然值得花費心思關注。對組織來說，重大決策可能包括：

- 「應該選擇哪一家經銷商在西南地區推展我們的產品？」
- 「現在該修訂我們的員工醫療保健福利了。什麼樣的計畫能夠控制成本，又能滿足職員的需求？」
- 「促進新產品銷售的最佳行銷計畫是什麼？」

這些重大決策不會成就企業或者弄垮企業，但是會讓情況變好或變壞。同樣地，個人也會在生活中遇到重大抉擇，例如：

- 「我應該上哪一所大學？」
- 「我應該接受什麼樣的醫療來改善健康情況？」
- 「身為社區管委會主委，我應該推動更新社區游泳池，還是將今年剩餘的基金投資在其他地方？」

重大決策比策略決策更常出現，而且整體而言，對我們的事業成功或是個人生活的影響，可能跟策略決策一樣大。

重大決策通常需要花幾個小時的工夫，或許要開幾次會議，花時間蒐集相關資訊或建議，也許還需要腦力激盪出可供選擇的行動方針等等。即使這些決策不需要像對話決策流程的正式程序，我們的終點依然是達成 DQ，而且必須避開諸如 DQ 假象等超大偏誤。做決策要付出的努力，應該與決策問題的複雜程度，以及攸關利害的潛在結果相稱。以這些重大決策來說，需要的就是簡單快速的 DQ 評估循環。

DQ 評估循環：循環重複直到達成 DQ

達成 DQ 是從好的框架開始，以行動的決心結束。而在這中間，需要不斷地循環重複，專心致志地強化決策鏈上所有脆弱的環節。圖 13.1 說明的就是這個 DQ 評估循環，個人和團體都可以用來做出高品質的重大決策。

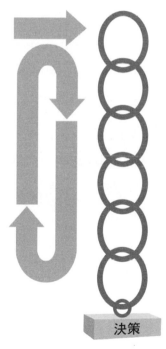

適當的設想框架

有創意的替選方案

確實可靠的相關資訊

清楚的價值與取捨

完備周全的推理

行動的決心

決策

圖 13.1 DQ 評估循環

整個流程按照一系列的步驟展開：

一、發展問題的初步框架。

二、對 DQ 所有必要條件快速做初步檢視。

三、評估每項必要條件的品質，100％代表不值得投入更多時間與心力改善。

四、改善脆弱環節的品質，然後不斷循環檢視各項必要條件，好好地評估它們並改進任何品質低於 100％ 的部分。

五、判斷所有 DQ 必要條件都達到 100％ 了，就能做出決策並轉換成行動模式。

DQ 評估循環無論用在哪裡都能獲益。對銷售團隊的負責人卡洛琳來說就是如此，她曾為了自己和員工，與卡爾合作主辦為期一日的培訓活動。幾年後，卡洛琳已經升遷到一家大型跨國公司亞太區的行銷長。某天她打電話給卡爾說：

這家公司的人好像以為我非常聰明。但那全是因為你主持的那一場研討班。我們在行銷方面有許多中等規模的決策要做，像是用幾百萬做促銷，幾十萬做新產品的推廣，定價決策等等。我就是用這個決策鏈來處理的。我們是不是在解決對的問題？我們有沒有好的替選方案？我們是否清楚自己真正想要什麼？我們是否有相關資訊，以及資訊是否可靠？我們的思路是否正確？如果都做到了，我

就會說：「我們就來做決定，並完成它吧。」但如果有哪一項出現缺失，我就會終止會議表示：「做決定之前，我們先把缺口填起來吧。」這就是他們覺得我非常聰明的地方。

大部分決策者不會終止會議。他們會繼續商定要做什麼，卻沒有檢查各項 DQ 必要條件。這樣很容易落入一致性陷阱，但是其實要養成檢查 DQ 必要條件的有效決策習慣，進而避免許多決策失敗，並不是一件太難的事情。

＊　＊　＊

DQ 評估循環簡單快速，而且容易採用。一開始就是針對要做的決策設定框架，藉著目標明確的循環重複改進脆弱的環節，最後以行動的決心結束。

步驟一：發展初步的框架

問題或機會的框架將會成為我們解決決策情況的界限。如果我們落入框架設定狹隘的超大偏誤，把這個界限定得太小，最好的解決辦法不會出現在這個界限之內。就算決策是由一個提出來的替選方案引起的，重要的是退回去定義需要解決的問題。在知道打算專注在什麼樣的決策之前，我們無法發展出完整的替選方案組。因此框架是個重要的起點，弄錯起點是造成決策失敗的主要來源。

決策的初始框架可能需要在循環重複的過程中改進。我們在考

慮替選方案時，可能會發現另一個重要決策，就像卡爾與妻子蕾莎發現的，「在做決策之前，我們需要考慮改善建築物。」在釐清價值的過程中，我們可能會發現原本留待日後考慮的決策之一已經決定了，例如麥可認為：「我不會考慮需要現在搬家的新工作。」刻意關注初始框架，就能避免框架設定狹隘的超大偏誤，並在其他DQ 必要條件取得一些進展。

步驟二：對所有 DQ 必要條件做初步檢視

在確立初始框架後，就該對圖 13.1 剩下的所有 DQ 必要條件做初次檢視。檢視可以用各種順序進行。這個時候的目標是有個快速的大略印象。精進改善的工作則是在循環重複的流程。初次檢視時，決策者應該：

- 建立一份**有創意的替選方案**清單。每個替選方案應該在性質上有區別，而且做得到。我們不希望是同樣的主題做出微小的差異。不可行的替選方案應該改到可行，要不然就捨棄。
- 考慮可得的**資訊**。可得的資訊是否描述了每項替選方案之後可能出現什麼樣的結果？資訊是否相關且確實可靠？是否有什麼重要資訊缺漏，以及要怎樣取得？
- 商定將由什麼**價值**引導最終選擇。如果是個人的決策，什麼因素會使得某一項替選方案比另一項吸引力？在商業情境下，每項替選方案將以什麼價值來衡量？是否有重要的無形

價值？如果牽涉到多種價值，它們之間要如何做取捨？

- 利用**完備的推理**比較各替選方案的可能結果。如果不確定性具有重要作用，畫個簡單的決策樹，或許可清楚顯示替選方案之間的關鍵差異。至於比較簡單的情況，衡量每項替選方案的利弊得失或許就有幫助。

- 確認關鍵利害關係人有多少**行動的決心**。最佳行動是否清楚？利害關係人是否認真看待，並願意投入適當的資源？相關的各方人馬是否都準備好決心投入了？等到做出決策，他們是否會貫徹到底？

初次檢視所有 DQ 必要條件會讓情況更明朗。等到 DQ 的每個面向都做過評估，下一步自然也就顯而易見了。

步驟三：評估每項 DQ 必要條件目前的品質

初次檢視完成後，就該評估每項 DQ 必要條件的品質了。這是所有決策者的關鍵技能。我們必須有能力在考慮決策的時候，判斷每項 DQ 必要條件的品質。這時候，可能就會清楚發現缺少資訊，或者替選方案太局限。知道哪項必要條件薄弱，就是告訴我們接下來火力要專攻在哪裡。

第 2 章介紹的滑尺量表，是將 DQ 必要條件的評分形象化的好用工具。圖 13.2 顯示的例子，可清楚看到資訊是最脆弱的環節。替選方案也需要加以關注。如果現在就得做決策，無論推理多完備

周全、行動的決心有多大，那都會是品質低劣的決策。而且要是有人過早決心投入行動，我們就必須在行動之前，先把他們拉回來達成 DQ。

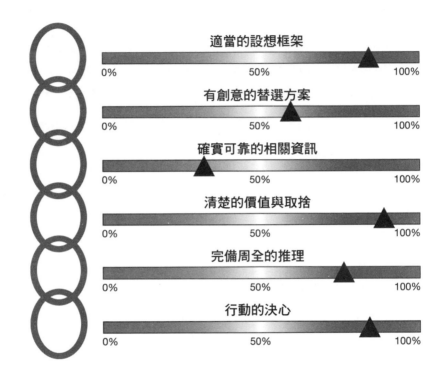

圖 13.2 　循環重複時用於評量決策的 DQ 滑尺量表

　　由於**決策的品質取決於決策鏈中最脆弱的環節**，所以圖 13.2 評分的決策還不到拍板定案的地步。利用滑尺量表集中關注需要改進的地方，就能避免落入舒適區超大偏誤。

步驟四：改進最脆弱環節，循環重複直到 100%

　　脆弱的環節代表有最大的機會可改善最終決策。任何一個環節只要低於 100％，就值得投資更多時間和資源來改善。根據定義，只要達到 100％，就不值得多花心力了。同樣，100％並不代表完美。其實，完美是 DQ 的大敵，因為這給了該做的決策藉口拖延。

　　處理最脆弱的環節，要將心思和行動集中在改善決策的領域。由於 DQ 必要條件通常是動態連結，改善其中一項可能促使我們要再次討論另一項。每次改善了一項必要條件，其他各項也應該重新檢討，納入我們得到的新見解。比方說，新蒐集到的資訊可能導致我們說：「我們沒有正確設定這個情況的框架。這一點得做改變。」新的替選方案可能需要額外的資訊。或者最新有關價值的討論導致我們得出結論：「還有其他方法可以得到更多我們想要的，我們再增加一些替選方案吧。」像這樣循環往復地重複檢討 DQ 必要條件，最終將帶領我們實現所有必要條件都達到高品質，然後就能做決策了。

步驟五：做決策

　　當所有必要條件都達到 100％，最佳替選方案就昭然若揭了。接下來就該轉換成行動模式。事先對實行工作做過一些思考，我們就算真正準備好行動了。不過，這種轉變應該是刻意且經過深思熟慮的。對大多數人來說，這種轉變給人一種如釋重負的感覺。當我

們清楚並滿意自己的決策，最終執行有意義且感覺正確的事，通常會感受到心靈上的平靜。

＊　＊　＊

DQ 評估循環是重大決策達成 DQ 非常有效的流程。在接下來的段落中，羅蘋面臨的重大決策就能說明效果。

實戰故事：羅蘋的職涯十字路口

羅蘋非常喜歡她在州立大學教育學院擔任院長的課程協調專員。不過，因為組織改組，她的職務預定要在六個月後取消。羅蘋很有信心能在大學裡找到另一個工作，因為她的創造力和組織能力深受重視，但是為了以防萬一，她也在職場人脈圈中放出風聲，表示她在尋找新工作。

沒多久，有位朋友跟羅蘋提起一個有趣的職缺。一家新成立的法人聯盟，數學科學挑戰（Math-Science Challenge），正在找一位副總監。該聯盟的宗旨讓曾經擔任中學數學老師的羅蘋感到十分親切熟悉，他們計畫未來十五年要聯手改善該地區中小學的數學與科學教育。

正如職缺公告的描述，副總監要處理所有辦公室業務責任，並與總監及聯盟成員合作，「在成員公司及學校科學與數學教育之間建立連結」。這是一次重要的機會。如果得到這個工作，羅蘋將會

與一群舉足輕重的高階主管、工程師、科學家、數學及科學教育家密切合作。在她看來，這是造福社會的大好機會，同時還能發揮她的組織能力、教學經驗、學習的熱情。但是也有個缺點。她將會離開自己喜歡的大學環境，還有這些年來耕耘的許多人際關係。而且就像不曾嘗試過的新事物，聯盟工作包含了不確定性，她將與新上司還有新設組織的成員共事，她不知道自己是否會樂於和他們共事。不過，她還是去應徵了那個職位，並且獲選與招聘主管和幾位董事面試。

面試進行得很順利，羅蘋離開時樂觀自信。她喜歡遇到的那些人，新的職位似乎頗刺激，而且給她很大的自由安排個人工作。但她又想：「如果他們給我這個工作，我應該接受嗎？」

兩天後，聯盟的總監，也就是她的上司，打電話給她說：「羅蘋，在面試過幾位非常符合資格的候選人後，我們一致決定你是這個工作的最佳人選。你願意加入我們團隊嗎？」

突然間輪到羅蘋抉擇了。她應該說「好」還是「不」？她明智地決定兩個答案都不說，而是回答：「你們的工作機會讓我覺得非常榮幸，心情也十分激動。能不能給我三天的時間再回答？我需要想想。」

「好吧。」總監回答。

* * *

離開大學這件事讓羅蘋當晚輾轉反側。她對於自己真正想要的

東西感到矛盾。一方面，她非常依戀大學的圈子和朝氣蓬勃的環境。她在州立大學的工作將在六個月後結束，但是大學的眾多單位勢必會出現幾個差不多的工作。另一方面，她又喜歡有新的挑戰、更大的獨立性，還有機會在一個有價值的理想目標領域發揮她的創意和建立人際關係的能力。

羅蘋決心要做出有意義而且感覺正確的決定，於是她向鄰居決策專家山姆尋求協助。山姆有許多職務，其中就有一項是在學校的高階管理課程教導決策。

羅蘋的初始框架

山姆的第一個建議是設定決策框架。他說，「羅蘋，以我對你的了解，這不只是接受或拒絕聯盟工作機會的決定，也不單是要不要留在目前的工作，因為那個工作本來就預定在六個月後消失。這個決定是關於你在可預見未來的職業生涯。」這個建議對羅蘋來說合情合理。因此，她將決策框架設定為「什麼工作最適合未來三年的我？」

眼前的兩條路：初次檢視所有 DQ 必要條件

等羅蘋很滿意地給工作決策設定適當框架了，山姆又解釋 DQ 的必要條件，以及她必須先做初次檢視，以便了解每項條件的品質狀況。

「我們來談談你的替選方案，是否全都定義明確並且切合實

際？是否真的涵蓋了可能性的全部範圍？」山姆說。

羅蘋馬上發現兩個替選方案：（一）繼續目前的工作，並期望六個月內會出現另一個合她心意的工作，（二）接受新聯盟的副總監工作。第一個替選方案有些虛無縹緲，但羅蘋相信自己非常清楚知道，在目前的職務結束之前大概會有什麼類型的機會出現。第二個替選方案則比較清楚明確。

是否有其他選項？羅蘋了解有超過兩個替選方案的重要性，但即使接觸了她龐大的人脈網絡，她暫時也只能想到這些。只有幾天時間可以做決定，羅蘋和山姆都認為不值得再多想替選方案，於是她繼續思考在這些替選方案中，自己看重的東西。

羅蘋重視工作的哪方面？雖然「獲取最多想要的東西」是所有人的目標，但那不是羅蘋在處理這個工作決策時，會刻意去問的問題。

她目前在教育學院的工作是個頗受矚目的職位，讓她有能力左右會影響學生及職員的重要政策。她在校園裡建立了穩固的人際關係，而且備受尊敬。雖然工作流程有時候難以預測，導致羅蘋對於如何分配時間無法隨心所欲，但是整體而言依然收穫豐碩。羅蘋想著未來幾個月或許會出現其他機會，但她也料想到在大學裡可能拿到的新工作，能見度和影響力都會降低。不過，她知道自己很樂意和這裡的許多同事保持聯繫。她在學術環境中感到相當從容自在。

選項二就是有更多專業成長機會的新職位。就她所知，目前的總監是一位退休的高階主管，大概二、三年後會退休。屆時，她或

許在這個工作上就有足夠的經驗，面對董事會和聯盟的重要關係人，也有信心給自己爭取更大的角色。她心想，「誰知道呢，他們說不定還會找我當下任總監。」改善數學與科學教育的構想，也比她想像未來在大學的工作更能實現抱負。

儘管有這些好處，聯盟的工作包含了更多不確定性。她對那位總監的印象非常好。「但你永遠不會知道你和新上司相處得怎樣，」她提醒自己，「得等到和那個人共事幾個月才知道。」

在思考不同的替選方案時，羅蘋恍然明白這項決策有幾個價值對她很重要。在山姆的建議下，她把這些價值寫了下來。

- 擁有良好的人際關係，並且被團體接納
- 獨立、創意、創業精神
- 工作安排的彈性
- 有機會學習並在專業上成長
- 發揮影響並建立傳承
- 與受尊敬「品牌」的夥伴關係
- 優渥的薪酬與福利

山姆看到羅蘋的清單時很滿意。「你的價值清單涵蓋了許多不同的面向，你知道清單上哪些是你的優先重點嗎？」他說。

羅蘋已經有了答案。「我的前三大價值是彈性、學習與成長的機會，以及渴望發揮影響和建立傳承。我還納入了薪酬，但是兩個

工作提供的薪資和福利差不多。」

「很好，羅蘋。刪去各替選方案中相等的因素，可以降低複雜程度。你的框架、替選方案、價值已經有了不錯的進展。我們接下來將多加考慮資訊和推理。」山姆繼續引導。

* * *

山姆再次和羅蘋碰面時，幫她建立了決策樹來描述她的情況。用決策樹來代表她的替選方案，會比較容易形象化和了解可能性。「以每個替選方案來說，我們必須加上每個選擇的可能結果。」他說。

思考了幾分鐘後，羅蘋加上了結果。以州立大學的工作來說，她認為結果不是「非常好」就是「普普通通」。

「如果繼續在州立大學工作，結果證明是『普普通通』會怎樣？」山姆問，「你到時候會做別的決定嗎？譬如說，充分利用情勢改善或者找下一個更好的工作？」

「會的，我得二選一。」

山姆將此描述為下游決策（downstream decision），這是好的決策者一定會針對每項替選方案思考的事情。「就像下棋。你希望預判每一步的可能結果，以及你對局勢的反應。」羅蘋承認，聯盟的工作可能也包含下游決策。如果這個工作並非完全如她期望，她就會面臨另一個選擇：要不是充分利用情勢改善，就是再次尋找更好的機會。將她的決策和關鍵不確定性都納入考慮後，羅蘋的初始決

策樹概略總結為圖 13.3。

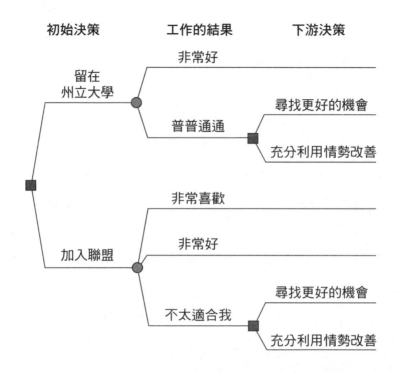

圖 13.3　羅蘋的初始決策樹

　　羅蘋和山姆算出決策樹有七個可能結果。羅蘋認為其中一些優於其他。一個極端是，一年之後她熱愛聯盟的工作，那大概是所有結果中最好的。另外一個極端則是，萬一證明聯盟的工作令人失望，選擇留下並想辦法改善不好的處境，可能是最差的可能結果。在山姆的鼓勵下，她用 100 分的量尺給決策樹的每個結果指定一個

數值。山姆建議她將最嚮往的結果評為 100 分，最不滿意的評為 0 分，其他結果則介於兩者之間。他建議，「這個慢慢來，想想你的價值，以及一年後你對這些結果會有什麼感覺。」她的分數和理由列在圖 13.4。

　　給每個結果指定數值後，羅蘋就要考慮每個結果發生的機率了。這裡沒有十足的把握。儘管她希望聯盟的工作能實現自己最高的期望，但也知道發生的機率低於 100%。因此她仔細思考過所有的可能，以及在聯盟、學校、與人脈關係網的經驗感受，然後有條不紊地確定每個結果的機率。

　　如同圖 13.5 顯示的，羅蘋預料留在州立大學會有 75% 的機率得到非常好的結果，前途「普普通通」的機率只有 25%。後者會促使她做另一個決定：尋找更好的機會，還是充分利用她在大學的處境。而她給在聯盟工作得到最好可能結果的機率為 35%，有 50% 的機率是「非常好」。

　　在山姆的協助下，羅蘋現在準備好要做點數學題了。運用簡單的加法和乘法，計算出這些結果的期望值，這裡的期望值是機率加權平均數。

　　羅蘋留在大學的期望值是多少？首先，羅蘋推斷，無論是在大學還是在聯盟，如果情況普普通通或者不適合她，她都會尋找更好的機會，她不會將就於「充分利用情勢改善」。

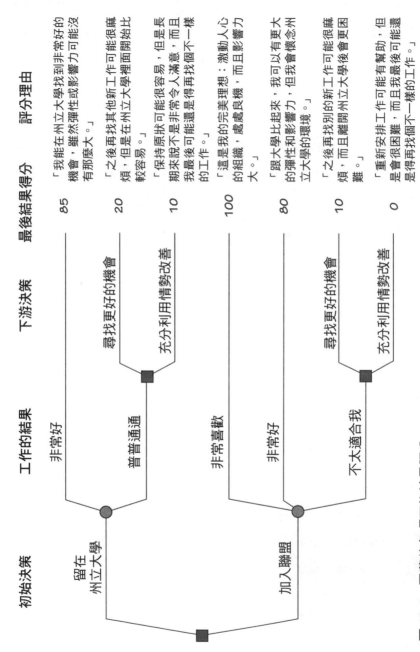

圖 13.4 羅蘋的各項可能結果評分

初始決策	工作的結果	下游決策	最後結果得分	評分理由
留在州立大學	非常好	尋找更好的機會	85	「我能在州立大學找到非常好的機會,雖然彈性或影響力可能沒有那麼大。」
	普普通通	充分利用情勢改善	20	「之後再找其他新工作可能很麻煩,但是在州立大學裡面開始比較容易。」
			10	「保持原狀可能很容易,但是長期來說不是非常令人滿意,而且我最後可能還是得再找個不一樣的工作。」
加入聯盟	非常喜歡		100	「這是我的完美理想:激勵人心的組織、處處良機,而且影響力大。」
	非常好	尋找更好的機會	80	「跟大學比起來,我可以有更大的彈性和影響力,但我會懷念州立大學的環境。」
	不大適合我	充分利用情勢改善	10	「之後再找別的新工作可能很麻煩,而且離開州立大學後就會更困難。」
			0	「重新安排工作可能有幫助,但是會很困難,而且我最後可能還是得再找個不一樣的工作。」

她給決策樹標出箭頭，顯示她會做的抉擇。因此，大學的工作其實只有兩個結果：一個是價值分數 85，機率 75％；一個是價值分數 20，機率 25％。因此將這些數字相乘相加之後，得到的期望值是 68.75〔計算方式是（85×0.75）+（20×0.25）= 68.75〕。以未來一年的角度來看，聯盟替選方案的情況看起來比較光明，期望值為 76.5〔計算方法為（0.35×100）+（0.5×80）+（0.15×10）= 76.5〕。

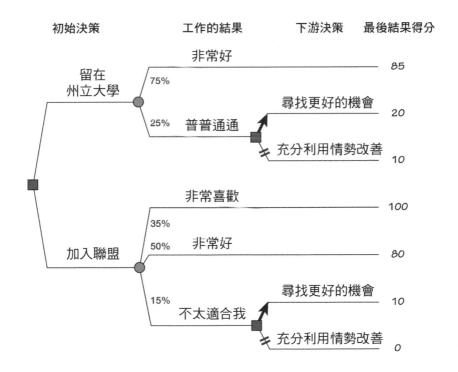

圖 13.5　對羅蘋的各項結果加上機率

羅蘋準備好了嗎？評估每項 DQ 必要條件目前的品質

完成了決策樹的初稿和期望值的計算，山姆要羅蘋想想她現在所知的決策品質。「這個嘛，我覺得現在更了解了，但是我認為現在還沒有準備好表態。我們已經用決策樹結合了迄今為止，我們對替選方案、資訊、我的價值所知的一切，但我不確定自己有多大的把握。我怎麼知道是不是還需要做更多？」羅蘋回答。

「好吧，」山姆說，「根據我們到目前為止所做的，看起來聯盟的工作似乎更有可能實現你重視的東西，但是考慮到這個決策的重要性，你想知道是否需要做更多是很明智的想法。我建議評估每一項必要條件。我們至今只是做了粗略加工而已。」他鼓勵羅蘋思考每項必要條件的品質：決策的設想框架、替選方案、帶到決策中的資訊等等。「如果發現有哪個薄弱的環節，下一步就是加以改善，因為你的決策品質取決於最脆弱的環節品質。」

「好的，如果要評量每項必要條件，我會說目前擁有的資訊只有 50％左右。我肯定會用上更多與聯盟和州立大學其他可能工作的相關資訊。在替選方案方面，大概只有 40％。我應該更深入思考現有兩個可能替選方案之外的可能選項。我行動的決心目前只有 60％左右。其他必要條件感覺相當不錯，接近 100％，但我在這三項還需要做些努力。」羅蘋說。

檢視未來藍圖：改善最脆弱環節，並循環重複直到 100%

　　在之後的幾個小時裡，羅蘋打電話給州立大學的人力資源主管和親近的同事，徵詢是否有適合的工作職缺新消息。她還重新檢查所有州立大學的公開招聘公告。這兩方面都沒有新的資訊，因此羅蘋沒有增加新的替選方案。

　　她也用網路取得了聯盟總監及董事的一些背景資訊。雖然她沒有發現任何一個人的負面消息，但是所有人都接近退休年齡這一點，令她有些躊躇。因此，羅蘋不那麼確定自己對聯盟的工作，是否有最初以為的那麼喜歡了。她有可能是組織裡最年輕、經驗最少的高階人員。這對她的職業生涯和掌握工作的能力會有什麼影響？

　　「要不然我稍微更改我的假設？」她再次和山姆聯繫時問。「比方說，萬一我非常喜歡聯盟工作的機率只有 25％，而不是先前預估的 35％，而我預料新工作『不太適合我』的機率是 25％，而不是 15％？你能重新計算數字嗎？」

　　山姆在計算機敲入新的數字。「檢查是否有新的替選方案這樣很好，雖然說沒有找到。我也很高興看到你尋找更多資訊。那是你另一個脆弱的 DQ 必要條件。」結果發現在這些修正過的假設下，州立大學的工作只有非常微弱的加分，期望值為 68.75，而聯盟工作為 67.5。「所以，羅蘋，看得出來在你對指定的價值與機率覺得放心之前，你並不想做決定。這些數字是主觀的，」他提醒她，「明天你可能就會有不同的感覺。」羅蘋同意，並決定好好睡一晚後，隔天再重看這份決策分析。

隔天，她重看了每項 DQ 必要條件，判斷是否有需要根據她對聯盟的新感受重新評估。結果沒有。而且因為努力嘗試過了，現在她覺得除了行動的決心之外，資訊和其他必要條件全都接近100％，她相信等資訊確定後，就輪到行動的決心了。

羅蘋的最終決定

　　「嗨，山姆。」羅蘋隔天打電話給他，「我重新看了這些數字，我想我昨天給聯盟的機率數字，有點受到我擔心自己是團隊最年輕的人這一點偏見影響。我想我非常喜歡這份工作的機率其實大約有30％，而不太適合我的機率只有20％左右。我將這些數字放進決策樹，計算出聯盟工作的期望值是 72。這樣算對了嗎？」

　　山姆笑著聆聽，並在她說話的同時也輸入數字計算。「對的，沒錯！只要你掌握竅門，數學沒有那麼複雜，對吧？我很高興你一直在思考這個問題。」羅蘋輕笑。山姆聽得出她聲音裡的得意和明瞭。他繼續說：「所以這代表聯盟的工作現在是期望值最高的。這對你來說合理嗎？感覺對嗎？」

　　「是的，沒錯。」羅蘋肯定。「我非常認真地思考了做出好決策需要的一切，現在準備下決定了。我打算接受聯盟的工作機會。我對這個抉擇感到滿意，無論是理智或情感，都很滿意。」

　　「好極了，理智與情感能達到一致總是好事。我敢說，州立大學的人一定會想念你的。」山姆說。

　　羅蘋做出決定後，很快從想法模式轉換成了行動模式。她列出

第一次與新上司碰面時想要清楚了解的事項清單,並考慮如何安排工作,才能充分發揮她的才幹,並且更能滿足聯盟的宗旨。她還詳細列出離開大學的策略,她希望盡量在最好的條件下離開,又不會斷了後路或是破壞重要的人際關係。她也想到了在聯盟的工作,要與大學的學生與教授來往。但是那可以稍後再說。她首先需要跟州立大學的上司談談她的決定,然後告訴同事。接著是正式的辭職信。「還有,做這些之前,應該先拿到聯盟的正式工作通知。」

* * *

羅蘋處理這個重大決策的方法,帶給她許多重要體悟。

- 羅蘋在山姆的指導下進行的流程頗有助益。沒有這個流程,羅蘋做抉擇時就不會那麼有條理。假如她缺乏一個達成 DQ 的可靠流程,決策可能受情緒驅動,或者羅蘋天生的風險趨避和舒適區超大偏誤,可能就會替她做了決定:留在州立大學。
- 列出價值是讓她發現「最重要的事是什麼」的好起點。如果她的決定牽涉到其他利害關係人,她會和他們一起確定價值以及流程的其他步驟,設法確保防止將一致性與 DQ 混為一談的陷阱。
- 決策樹幫助她思考替選方案、可能的結果、各種結果的相關機率。決策樹特別有幫助,因為她先前沒有想過,萬一下個

階段工作的結果對她不利，她可以做哪些下游決策。

- 她花時間考慮決策品質的每個必要條件、她的假設，以及她的感受。在這段時間裡，她的感覺和推理達成協調一致。

- 雖然羅蘋的最終選擇包含的風險大於另一個替選方案，但能夠享有更大的心靈平靜，因為她知道自己「為什麼」做這樣的選擇。

- 當羅蘋確信每項 DQ 必要條件都達到力所能及最堅實的程度，她就能由衷地說，自己已經盡最大的可能做了最佳決策。決策的結果是否會如她預期？答案不得而知，因為未來原本就不確定。不過，羅蘋可以放心大膽地說，她的決策符合了每一項條件的品質標準。

總結

羅蘋的故事說明了如何在重大決策上，應用 DQ 評估循環達到 DQ 的終極目標，同時在過程中避免偏誤和陷阱。避免框架設定狹隘超大偏誤的框架是很好的起點。接下來是初次檢視所有 DQ 必要條件。然後以滑尺量表評估每項 DQ 必要條件的目前品質，以顯示哪裡需要進一步下工夫，加強品質不足的必要條件。再來是多循環重複幾輪，讓所有 DQ 必要條件都達到 100%，最後才是做決策。

重大決策在決心投入行動之前，最後一項測試就是確保理智與情感協調一致。最後，決策應該要合情合理且感覺良好。DQ 評估循環可以讓我們在重大決策上做到這一點。

Part IV

通往超級勝算的旅程

**The
Journey to
DQ**

本書前三個部分描述了 DQ 架構，並介紹策略決策與重大決策達成 DQ 的流程，以及如何避免會造成阻礙的偏誤。第四部分將會提出實現 DQ 之旅的洞見體悟。第 14 章以一個案例介紹，描述決策分析的早期應用，而這正是 DQ 架構的核心。這個應用案例提供難得的機會，對比以 DQ 為基礎的分析和較為傳統的金融分析，也說明決策分析的工具如何為大型組織帶來強大的心態轉變。第 15 章則介紹更為廣泛的組織決策品質（ODQ）概念，並描述將 DQ 擴展到整個組織的方法。在第 16 章邁向尾聲結束時，會帶領讀者思考如何將 DQ 結合到事業與個人生活之中。

14
一場豪賭之戰的精心算計：
Amoco 的無鉛汽油決策

> 願意從確信開始的人，將終於懷疑；滿足於以懷疑開始的
> 人，將以確信結束。
>
> ——培根

在展開 DQ 旅程時，決策者通常會問，應用 DQ 與決策分析工具，比起他們原本使用的其他財務分析工具如何。相對而言，DQ 在時間與金錢上是更好的投資嗎？這個問題不容易回答，因為很少有情況是兩種方法同時並用。一般來說，處理決策不是採用傳統的分析工具，就是使用 DQ 的工具，但是在 1968 年時，本書共同作者卡爾就遇到一個機會可以直接比較兩者的差異。當時總部位於芝加哥的 Amoco（當時稱為印第安納州標準石油〔Standard Oil of

Indiana〕，後來重新命名為 Amoco，再之後與 BP 合併），正在想盡辦法處理一項艱難的策略決策。

Amoco 是美國一家重要的石油公司，當時他們面對一項抉擇：是否要主動將全國汽油生產從含鉛汽油轉換成無鉛汽油。含鉛燃料對健康與環境造成的後果當時已經開始浮現，政府部門也開始討論禁用鉛添加劑。討論是否會變成行動？沒有人確定。

煉油業者一直以來都使用鉛添加劑（四乙基鉛）來提高汽油中的辛烷。含鉛燃料已經成為標準。Amoco 藉由收購美國石油公司（American Oil Company），得以擁有美國少數的白汽油（white gas，高辛烷值無鉛汽油）經銷商之一。它也開發出一種專利加工法，利用鉑金催化劑將燃料提煉到辛烷含量更高，而不必用到鉛添加劑。在有白汽油的地方，公司的顧客通常會繞個幾英里的路去買高辛烷值無鉛汽油。被收購公司的前老闆是 Amoco 董事會董事，他希望能說服公司全部轉換成無鉛汽油。

在那位董事的堅持下，這項決策被拿來分析，不只一次，而是四次。每一次評估團隊都建議不要轉換成無鉛汽油。Amoco 工程師與經濟專家的研究顯示，無鉛汽油要達到與含鉛汽油同等的辛烷值，會大幅增加生產成本。市場研究也指出，消費者願意為無鉛汽油付出的，不超過額外成本的一半。增加的銷售額能夠抵銷每加侖降低的利潤嗎？沒人敢信誓旦旦地這樣說。此外，轉換成無鉛燃料還需要投資超過 6 億美元（以 2016 年的美元計算）。這等規模的投資會嚴重限制 Amoco 支應其他計畫的能力。

無鉛汽油的問題沒有消失。每次研究團隊都會提出否定的結論，支持轉換的董事就會說：「那你們有沒有考慮過 X ？好吧，那 Y 和 Z 呢？」於是分析師又得重新來過。

　　負責下游事業（Amoco 的煉油、經銷、市場行銷部門）的新總裁決定一次徹底解決這個問題。他找來公司頂尖的分析師建立一個特別小組，請他們重新看待這個問題。公司給了特別小組一大筆經費和十個月，把事情徹底弄清楚。當時的 Amoco 在應用經濟分析和複雜的線性規畫技巧方面領先群倫，因此高度期待能達成決定性的結論。特別小組著手評估全面推廣無鉛汽油的十二種情境。

　　小組評估到第九個月時，卡爾正好在該公司有場決策分析研討會。決策分析在 1960 年代末期是個新領域，當時即將完成工程經濟學博士學位的卡爾，正是該領域的早期擁護者。他後來回憶：「史丹佛大學教授朗・霍華不久前才發表文章〈決策分析：應用決策理論〉。那篇文章加上自己摸索出來的心得，就是我的指導手冊。」

　　那位總裁參加了研討會，認為無鉛汽油正是採用這個新方法的現成議題，但是為時已晚。因為按照計畫，特別小組一個月後就要提交最終報告了。不過，就在特別小組要求再延長一個月時，總裁認為機會來了，於是他打電話給卡爾：「用決策分析處理這個問題要花多少時間？」

　　對一個沒有多少商業經驗的二十多歲研究生來說，一家美國一流企業的高階主管提出的要求，是人生難得一遇的機會。卡爾告訴那位總裁，假如現在的特別小組配合良好，他大概可以在六到八個

星期完成。總裁聽了之後覺得是可以接受的時程，於是 Amoco 聘請卡爾用決策分析來處理這個問題。

卡爾處理這個問題時，得益於特別小組已經進行的一些分析。不過還有許多不確定性：

- 美國政府如果禁止含鉛汽油，會是什麼時候？
- 如果 Amoco 在政府禁止之前，現在就轉換成無鉛汽油，競爭對手會有什麼反應？
- 研究會透露出鉛對人體細胞有什麼影響？
- 在沒有政府的命令下，有多少消費者願意為了對環境更安全的產品花更多錢？
- 如果政府強制命令推行無鉛汽油，競爭對手會發展自己的技術，還是用 Amoco 能夠授權他們的專利方法？

這些不確定因素導致 Amoco 的投資決策有非常大的風險。如果沒有政府禁令，公司逕自花費 6 億美元推行，萬一開車族不願意為無鉛燃料支付額外費用，公司就要面臨巨大損失。另一方面，如果顧客反應熱切，政府可能趁勢抓住潮流，對整個行業實施含鉛汽油禁令。對 Amoco 來說，這會提高銷售量，排除了利潤降低的問題。而且因為有專利煉油方法和搶先投入生產與布局，該公司將成為市場領導者，還有成本優勢。概括來說，這個問題看似有非常驚人的優點，而缺點看起來也很糟。難怪這項決策一直舉棋不定。

著手展開無鉛汽油決策

　　Amoco 的替選方案很清楚：他們可以維持現狀，繼續將無鉛汽油當成特色產品，只在限定地區提供；或者可以主動做出產品線轉變，在全國都轉換成無鉛汽油。利用公司分析師分享的數據，卡爾努力整理出轉換為無鉛產品時，會影響結果的許多因素。比方說，稀有原料成本對單位製造成本有什麼影響，以及進而對於這項計畫的淨現值有什麼影響？競爭對手的反應對市場定價有什麼影響，以及對 Amoco 的利潤率有什麼影響？關聯圖（圖 14.1）顯示

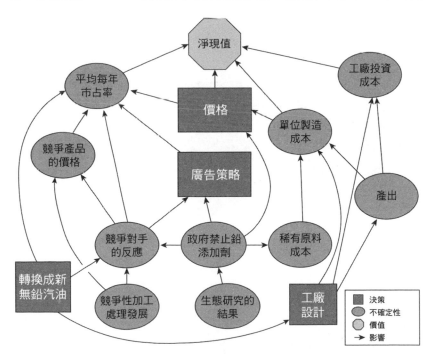

圖 14.1 Amoco 的關聯圖

這些不確定因素之間的相互關係。

　　像這樣的複雜決策中，重要的是了解關鍵因素之間的關係，以及這些因素影響最終價值的程度。知道這些後，卡爾找專家評估每項不確定因素的區間預測，然後開始匯集計算數據，最終回答一個關鍵問題：真正重要的是哪些因素？

　　正如第 11 章討論的，我們很容易把問題拖入自己的舒適區。大多為工程師的特別小組成員也不例外。他們專注在生產與稀有材料的成本。不過，結果證明了，其他因素對股東價值的整體變化遠遠更為重要。這一點從圖 14.2 的龍捲風圖就能一窺究竟。

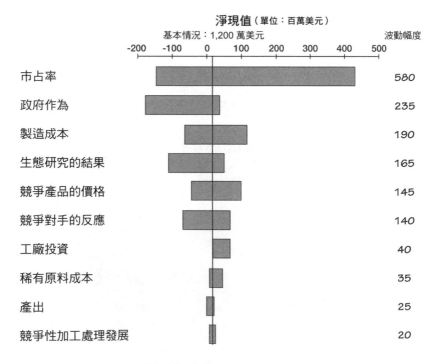

圖 14.2 Amoco 產品線轉換為無鉛汽油的龍捲風圖

全國轉換為無鉛汽油的基本情況淨現值只有 1,200 萬美元，勉強高於彌補 Amoco 資金成本所需。但市占率效應可能成就這次創舉，也可能造成破壞。在市占率的最高區間，整體價值會增加至 4.3 億美元。至於市占率區間的低端，則會將價值壓低至虧損約 1.5 億美元。因此，波動幅度為 5.8 億美元，市占率對淨利有很大的影響。政府作為也是不確定性的一大來源，主要是在不利的方面。如果政府得到的結論是鉛不會傷害人體，無鉛汽油決策的價值就會再被壓低到虧損 2 億美元。相較之下，成本因素對淨現值的影響較小，包括工廠投資、原料、製造成本等。不過 Amoco 的分析師將大部分的腦力和特別小組經費都集中在這些成本因素。

龍捲風圖向 Amoco 管理階層傳達一個清楚的訊息：要降低決策中的不確定性（或風險），他們應該多了解市占率和政府作為。

設法釐清關鍵的不確定性

顯而易見的是，許多情況都取決於 Amoco 轉向無鉛汽油之後幾個月、幾年奪得的「實際市占率」。為了更了解市占率影響，卡爾訪談了十多位專家。他們估算 Amoco 的可能市占率（以機率曲線表達市占率結果的預測區間）差異頗大。卡爾回憶，「圖上顯示的各種結果有很大的不同，以致於我們將好幾組人聚集在一起，請他們分享自己的判斷和推理。」儘管有過很多激烈的討論，但還是沒有達成共識。圖 14.3 可以看到兩個最極端的估計。曲線上的每

一點都顯示出達到特定市占率、或低於特定市占率（X軸）的機率（Y軸）。因此最悲觀的專家認為，市占率大約在32％到42％之間，最樂觀的專家預測的區間落在37％到57％之間。他們的預測值沒有太多重疊的地方。

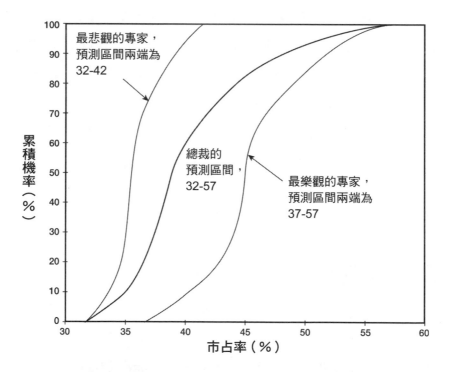

圖14.3　產品線轉換的市占率機率分布

　　Amoco的總裁對討論十分感興趣，因此出席了其中幾次會議旁聽。他看出成員還沒有出現共識，最後也畫出自己的機率曲線，大約位在這組十條不同曲線的中間。雖然有一些參與者想出比較客

觀的方法，可算出許多估計值的平均值，但總裁表示因為他必須向董事會證明分析合理，所以他會採用自己最相信的曲線。他說：「你們能想像幾年後我站在董事面前，解釋我們的成果很差，卻說『我始終不相信決策採用的市場預估』？他們會當場炒我魷魚，而且正該如此！」雖然市占率對這項決策非常重要，但其他關鍵因素也必須考慮。卡爾利用龍捲風圖（圖14.2）挑出最重要的因素，並利用決策樹列出結果的許多可能組合。圖14.4所顯示的，是代表三百六十個路線的決策樹概略圖。決策樹的每一條路線各自代表不

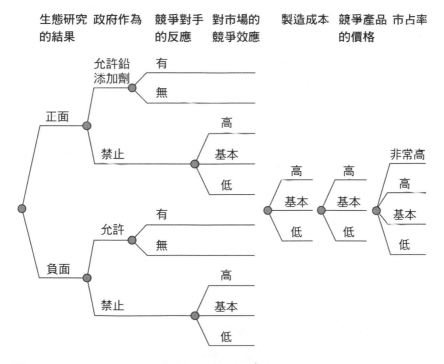

圖 14.4　Amoco 產品線轉換決策樹的概略圖

同的關鍵因素組合,是如何產生決策的淨現值。將每條路線(圖中未顯示)的機率相乘會得到各事件結果的機率。(另外,因為重要性的關係,卡爾採用決策樹中四個不同的市占率可能結果,而不是比較傳統的低、基本、和高這三點。)

接著,卡爾總結這些計算結果,用產品線轉換為無鉛汽油之價值的單一機率分布(圖 14.5)表示,並解釋他的發現:「基於我們有所知和有所不知,這個策略最壞的情況會讓 Amoco 產生 7 億美元的損失,最好的情況是產生 8 億美元的獲利。這兩個極端結果都不可能。80%的可能結果會落在虧損 4.2 億美元到獲利 3.8 億美元之間,期望值為虧損大約 5,500 萬美元。」

競爭報告的驚喜

在卡爾總結決策分析的兩個星期前,公司的特別小組也完成了他們的評估。小組成員用了超過一百張幻燈片,對總裁做了冗長的報告。他們研究評估了十二種不同的情境:除了有一種不怎麼有利可圖,其餘的情境都能有適度獲利。不過,儘管有這些成果,特別小組的建議是繼續生產含鉛汽油,「不轉換」成無鉛燃料。這是因為預料有巨大的風險,雖然風險只是單從質性方面討論描述。

「那正是我期待的,」總裁在特別小組的報告之後說。「寫成報告,好讓我帶去下個月的董事會議。」

「那決策分析呢?我們看了其中一部分,你可能會覺得有意

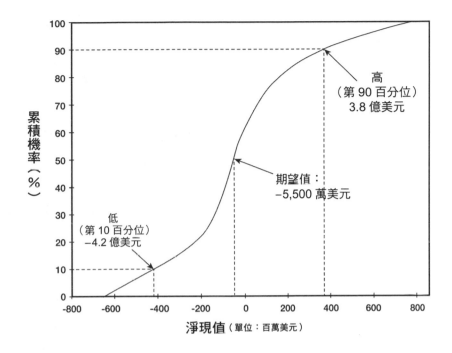

圖 14.5　Amoco 產品線轉為無鉛的價值分布

思。」其中一個人問。

總裁回答：「我也看了一部分。決策分析十分有意思，我們或許能學到很多，但那些董事是不會了解的。」

兩個星期後，卡爾的決策分析簡報來到了圖 14.5，總裁打斷他。「你的最後一張幻燈片，就是我們可能得到的價值分布，已經什麼都說了。我們可能虧損很多錢，或者賺很多錢。只是我們不知道究竟會怎樣，而且還說得很符合科學。我要把這個放進董事會議

的議事。」他對卡爾說。

　　然而，卡爾還沒有結束。他繼續說明，就算 Amoco 有充分的生產成本資訊，也十分清楚生產成本是多少，決策的期望值以及圖 14.5 的整個價值曲線也幾乎不會變動（不到 10 萬美元）。但是特別小組的經費有 90％都花在模擬不同生產成本的製造情境。這筆費用沒有給決策增加價值。另一方面，特別小組只將 5％的心力用在研究市占率影響，然而這卻是最重要的不確定因素。決策分析顯示，了解市占率要比了解生產成本重要得多。缺乏這些深刻理解，特別小組的資源分配嚴重不當。

　　決策分析還顯示，如果實現了非常高的市占率，轉換無鉛汽油可能產生將近 4 億美元的巨富。「我問過行銷部，他們能不能做什麼讓我們對市占率有更大的把握，答案是全國性市場測試。」卡爾回憶。不過，行銷執行副總堅持反對全國性測試。在他看來，代價太過高昂了。無鉛汽油的生產可能得增加，而其優點與可得性也要廣為宣傳。「萬一測試的結果是負面的，我們要讓無鉛汽油下市嗎？」執行副總反問。「如果那樣做，我們會飽受政治人物和環保人士抨擊。」

　　但卡爾胸有成竹。他已經找行銷工作人員估算出全國性測試的成本。他們推斷，執行測試和修復公共關係損害的成本，大約在 1,000 萬到 2,000 萬美元之間。測試顯示 Amoco 的市占率非常大的機率，估計只有 20％。

　　根據這個訊息，卡爾用圖 14.6 的簡單決策樹總結他的簡報。

他對總裁說：「這可歸結到一個簡單的決策。你可以現在就收手，什麼都不做，這代表你要等到政府強迫所有生產者都轉換成無鉛汽油。或者你可以進行一場耗資在 1,000 萬到 2,000 萬美元的全國性市場測試，有五分之一的機會非常成功。而這個『非常成功』的價值有 3.6 億美元。」

行銷執行副總不希望做這樣的賭注，堅決主張他不喜歡成功機會低於一半的情況。然而，總裁有不同的看法。「在有 20% 機會賺取 3.6 億美元時，賭上 1,500 萬美元，我們在業務上游部分一直都是這樣做的。」

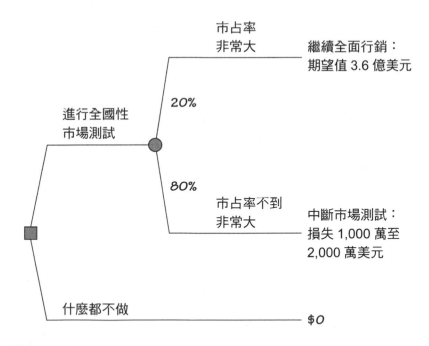

圖 14.6 全國性市場測試的成本與潛力

總裁準備把這項決策帶到董事會。

最後結果

在董事會議之後，總裁打電話給卡爾告知他，最後呈給董事會的只有決策分析。在被問到為什麼沒有用上他自己特別小組的成果，他的回答是：「噢，你的成果讓人更容易了解多了。」這徹底翻轉了他先前的立場，他原本以為董事們會覺得決策分析令人困惑不解。幸虧有決策分析，董事會明白了公司需要做這個重要抉擇，徹底了解其價值及相關的不確定性。他們與總裁研究商議後，選擇進行全國性市場測試——如果只用傳統分析，這是他們壓根兒不會想到的替選方案。

決策分析花了兩個月，而公司特別小組則需要十一個月。但卡爾也受益於特別小組的成果。如果前面沒有那些成果，卡爾估計他大概要花超過三個月的工夫，因此他推斷決策分析的時間軸，大約是傳統研究需要的三分之一，而且花費的金額是特別小組的十分之一。決策分析的效率較高，是因為承認情境中的不確定性，並專注在最相關的因素。

決策分析有效率。那麼決策分析的投資是否也有成效？投入努力之後產生新替選方案的期望值 6,000 萬美元（$0.2 \times 360 - 0.8 \times 15$）。但是這項工作的成本不到 5 萬美元，得到的效益成本比超過 1000：1。顯而易見，決策分析的投資確實是划算且有成效

的。

對卡爾來說，Amoco 的經驗讓他大開眼界，也是通往他畢生事業的大門。親眼目睹得以成就的成果，他決心職業生涯要專注於幫助高階主管解決複雜決策，以及建立組織決策能力。[1]

數十年改善價值的經驗

Amoco 有關無鉛汽油的決策故事，突顯了決策分析工具的重要。在卡爾登場之時，DQ 的其他必要條件都已經釐清了。問題的框架清晰明白，替選方案也都確立了。淨現值是 Amoco 清楚明白的價值衡量指標。不過，董事會不清楚不確定性對決策有什麼影響，所以遲遲無法決心行動。藉助確實可靠的相關資訊和完備的推理，該公司才能果斷做出決策。

Amoco 的無鉛汽油決策只是一個應用案例，也是直接對比決策分析與其他類型經濟分析的罕見機會。數十年的 DQ 與決策分析經驗，一再證明經由更好的決策、投資更好的價值，會帶來巨大影響。1000：1 的效益成本比在 DQ 架構中是相當常見的。沒有其他商業投資可以始終實現這樣深遠的利益。

* * *

自從 Amoco 無鉛汽油決策的這些年來，決策分析已經無數次應用在策略抉擇、投資組合決策、併購機會，以及許多其他決策場

景。領先採用者利用的是整個 DQ 架構 —— 包括 DQ 六項必要條件、決策分析，以及第 12、13 章列出的決策流程。最成功的採用者則是建立起組織能力，將組織文化轉變成由 DQ 驅動的文化。下一章說明這是什麼樣的情況，以及如何達成。

注釋

1. 特別感謝 Amoco 經濟分析小組的領導人，漢克・索恩（Hank Thorne）與路易斯・齊尤夫斯基（Louis Czyzewski）。他們的專業能力和好奇心，為一個剛完成研究生課業的年輕決策分析師，提供這個首開先例的機會。

15
打造一支常勝軍：
建立組織決策品質

> 如果想要改變組織的文化，就要改變大家決策的方式。
>
> ——文森・巴拉巴（Vincent Barabba）

「真希望我們現場隊伍的負責人同事，也跟我參加 DQ 培訓！」一家物流公司的技術團隊領袖在 DQ 研習之後這麼說。「我們常常為了決策起爭執，而且是從截然不同的參照標準辯論。如果我們都遵循 DQ 方法，就會站在同一立場，比較不同的替選方案，而不是爭論誰的構想比較好。」決策專家聽過許多類似這樣的評語——在團隊以及整個組織採用 DQ，會為決策架構增加多少價值。

即便如此，經過長達五十年對組織決策的研究及觀察[1]，證明

了組織並不會自然而然就遵循 DQ 原則——大部分組織反倒會遠遠偏離。其實，在「組織行為」與「有系統地採用決策品質」之間有著明顯可見的巨大鴻溝。這個鴻溝導致組織浪費了價值創造的機會，以及組織內的挫敗與憤世嫉俗。從以下的行為可以看到這種鴻溝的證據：

- 對決策行為效能不彰的挫折感高漲，幾乎到了一觸即發的地步，因此領導者要求有清楚的角色任務和權威，賦予他們凌駕這種效能不彰的權利：「必須有人具有這個權利拍板決定。」
- 有人要求加速決策，而這通常導致決策倉促草率，而不是合乎時機。
- 領導者主張他們的決策是領導風格的體現，而不是在決策情境中找出最高價值替選方案的方法。
- 基於形式權威和非正式影響力的權力遊戲，塑造了行為，並決定了重要決策。
- 不適當的價值觀以及激勵機制不一致，會導致拙劣的選擇。

個人要達成 DQ 已經很有挑戰性了，而在需要與組織內多人合作或競爭的同時，還得達成 DQ，又更加困難。

當然，組織的決策行為有極大差異。1970 年代，當時最成功的公司之一全錄（Xerox），提倡一種高度情緒化的文化，充滿了衝

突與對抗。他們的決策也反映出了這種喧囂騷亂。在卡爾列席的一次會議中，兩位副總都用上他們最大的音量互相咆哮。會議接近尾聲時，總裁才宣布：「好了，這是在開會！大家都是在用心工作！」還有另一間有高度衝突文化的公司，是現今一家重要科技公司，決策者很不願意跟自己的決策小組合作，決策小組成員則對「無頭蒼蠅」的決策流程很不滿：「我們被告知要找來一顆大石頭。於是我們努力了好幾個月，為他們找來了大石頭。結果到最後，我們得到的答案是：『不對，不是那顆石頭。去拿另一顆石頭來。』如果我們能夠商定一個框架，或者我們可以討論替選方案，就能避免浪費大量時間了。」然而，這個案例中的決策者在意的卻是，如果他們溝通清楚，並給出更多資訊，他們的團隊成員就不會真正獨立思考了。事實是，1970年代的全錄和另一家更近代的高科技公司，其決策行為都不會產生DQ。其實，大多數決策者都能觀察到，在他們的組織中許多行為功能不彰而且不符合DQ，儘管團體若有適當的流程和有效的團體行為，其實有可能做得比個人更好、更成功。

我們知道DQ可以為具體的決策增加價值，無論這個決策是個人還是決策機構做出來的。當一個經常一起做決策的團隊採用DQ時，DQ的價值就會放大，例如研發團隊、企業的業務單位、政府機關、非營利組織。而當整個企業都以DQ作為決策準則時，所創造的價值甚至還可以更大、更輝煌。

組織決策品質的魔力

組織決策品質（ODQ）看起來會是什麼樣子？只要廣泛採用 DQ 並嚴格實施的地方，參與決策的人可能會說：

- 「我們以前用過形形色色的方法做決策。現在我們有了決策的共同語言，對價值有清晰的認識，能夠始終如一地做出高品質的決策。」
- 「我們過去沒有時間第一次就做對，但我們一定有時間重新再做。現在我們第一次就做對了。DQ 是第二天性，決策者要求 DQ 六項必要條件都達到高品質。決策者將每次對話視為貢獻意見的高價值機會。」
- 「我們以前常常陷入鼓吹框架，提案報告的人理應為他們的提案辯護，而且鼓吹者會互相競爭。現在我們採用的流程以 DQ 為重心，合力尋找最高價值，由替選方案相互競爭投資，而不是由人來競爭。」

要在整個組織實現這種高水準的 DQ 應用，需要組織各部門圍繞 ODQ 文化共同合作、並達成協調一致，如圖 15.1 所示。

組織決策品質的組成

ODQ 的第一個組成是決策議程。決策議程可以幫助組織的領

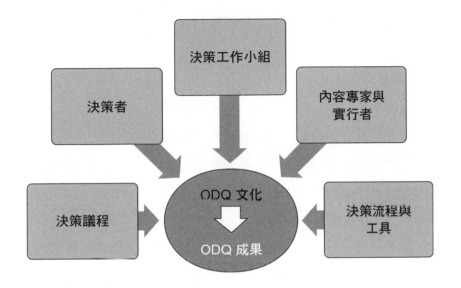

圖 15.1　組織決策品質（ODQ）的組成

導者妥善預測業專注在適當的決策組，並以最合適的方式處理。這種對決策的主動辨別需要持續跟上趨勢觀察（競爭情勢、技術、產品、市場、法規等等），還要留心必須處理的內部決策。組織的每個層級都有自己的決策議程，因此最高主管會選擇不同於業務單位經理的決策。決策議程是重要的溝通與管理工具，有助於組織保持領先地位，而不是落入被動追趕的模式。

　　一旦議程中的決策確認了，每個決策都必須加以診斷，才能挑選出適當的流程。為了完成這一步，這時候必須回答幾個基本問題：應該有誰加入，用什麼方式？這項決策應該在什麼時候完成？

需要什麼樣的人才和資源？這個決策算重大型還是策略型，適合的決策流程是什麼？

ODQ 文化的其他關鍵組成則是決策的參與者：決策者、決策工作小組（或決策支援人員）、內容專家與實行者。這些成員都需要充分了解自己的角色，而且有能力承擔自己的責任。

主要的參與者是決策者。近幾年來，盛行的商業流程會特別注重釐清決策中各角色的職責。讀者可能很熟悉這些流程，比如確定「負責人」或「建議者」，由他們向「當責者」或「決策者」提供指引。可惜的是，這些流程無一能釐清決策者的核心作用：確保決策流程中滿足 DQ 的必要條件。在這種情況下，要實現高品質的決策別無他法，因為**我們無法在決策獲得批准時，才開始檢視 DQ**。

至於策略決策，決策者通常有決策專家支援。決策工作小組受過專業培訓，也懂得利用工具推動決策流程。小組成員中的內容專家與實行者也是 ODQ 的核心組成。正如我們先前看到的，主題內容專家與實行者必須採用適當的方法，以確保 DQ，並展現真正的行動決心。

ODQ 的最後一個組成要素是決策流程與工具，包括適用的工具和流程，以成功又高效率的方法及時做出決策。流程包括針對重大決策的簡單 DQ 評估循環，以及適用於策略決策的更嚴格周密的對話決策流程。工具有很多，從決策體系到龍捲風圖不等。一個擁有 ODQ 的組織，具備龐大完善的工具組，也懂得如何為每項決策挑選適合的工具。

＊　＊　＊

　　當以上這些組成的要素全都確實有效，並且協調良好，齊心協力為價值創造的共同目標而努力，組織的制度就能自我強化。結果就是永續的企業組織決策品質，決策不再是領導風格的問題，而且就算歷經領導階層更迭，ODQ 也能繼續存在。

實現組織決策品質

　　在本書寫作時，已經有數十家公司開始將 DQ 培養視為一種組織能力。他們採用 DQ 的過程通常會遵循一個模式。首先，先有人成了 DQ 的擁護者，並斷定組織如果廣泛實施 DQ，將獲益匪淺。這種情況屢屢出現在決策密集的組織，這些組織經常要做出高利害風險的大型決策。如果這個人不是決策者，那他／她就必須說服一位高層決策者成為早期採用者。而那位決策者也許可以主持一個決策培訓課程，或許還要發起一次示範項目。成功採用之後，接著就是按照圖 15.2 顯示的 ODQ 成熟曲線路線繼續發展。

　　一個成功的示範專案通常會帶來其他的 DQ 專案。這個階段稱為 DQ 專案期，一般會定期套用 DQ 架構，當成解決特定決策問題類型的工具，例如困難的策略決策。組織對 DQ 的應用可能會在這個階段持續一段時間。

　　等到更多人清楚 DQ 的好處，就會推廣應用。進入下一個應用

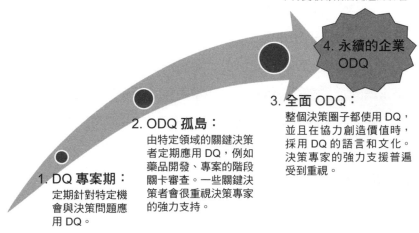

「存在我們的 DNA 裡。」決策不再受領導階層更迭的影響。

4. 永續的企業 ODQ

3. 全面 ODQ：
整個決策圈子都使用 DQ，並且在協力創造價值時，採用 DQ 的語言和文化。決策專家的強力支援普遍受到重視。

2. ODQ 孤島：
由特定領域的關鍵決策者定期應用 DQ，例如藥品開發、專案的階段關卡審查。一些關鍵決策者會很重視決策專家的強力支持。

1. DQ 專案期：
定期針對特定機會與決策問題應用 DQ。

圖 15.2　ODQ 成熟曲線

階段，特定決策的定期應用就會擴展到幾個特定 ODQ 孤島內的組織能力，比方說，研發團隊可能開始用 DQ 架構做許多類型的投資決策。這些 ODQ 孤島通常是得到技術領袖的擁護與支持，因為他們希望決策流程可以更加嚴格周密。在這些 ODQ 孤島，重大價值因此得以實現。有些組織的 ODQ 成熟度會就此停留在這個水準，特別是領導整個組織的人把決策視為一種與勇氣和風格相關的事。

從 ODQ 孤島前進到全面 ODQ 是重大進展，這需要最高層的領導。這個進展會發生在當最高領導者體認到，如果在自己的決策中應用 DQ，他們可以做得更好，以及他們應該要求整個組織都做

到 DQ。如果他們將 DQ 用在自己面臨的重要議題，藉此展現他們對 DQ 的支持，那就能對組織的所有決策全面提出這樣的要求。如此一來，就會帶來真正的改變。要注意的是，如果領導者陷入 DQ 假象超大偏誤，還告訴自己，「我憑直覺就能達到 DQ，但是對於其他缺乏我這種獨特能力的人，這很有效。」那可就沒有效果了。

由董事會採用 DQ，情況不同於品質運動的早期階段，例如全面品質管理（Total Quality Management, TQM）、六標準差（Six Sigma）等等。採用全面品質管理時，最高管理階層只需要搖旗吶喊，不需要改變任何核心職能。反之，ODQ 需要核心職能以及那些領導的角色做出劇烈改變。一家亞洲重要工業集團的董事長這樣說：「如果我們採用 ODQ，我將失去大部分的權力來源。朝 DQ 努力不符合我的威權管理風格。」清楚凸顯了兩者管理方式的差異。雖然 ODQ 不適合所有人，但逐漸有愈來愈多領導者體認到，這是他們希望嘗試應用的東西。許多強勢領導者發現，ODQ 符合他們的協作領導風格，十分有助於他們充分激勵人才在工作上全力發揮。

最後一個應用階段「永續的企業 ODQ」，是在 DQ 成為整體組織文化不可或缺的一部分時，才算是達標。在這個階段，ODQ 已經併入所有管理流程，全體成員都充分體認到決策品質的好處。組織的成員這時可能會說，「DQ 存在我們的 DNA 裡。」到了這個地步，即使領導階層變動，建立和應用 DQ 能力的決心應該也不會被動搖，得以繼續堅持下去。這是很重要的一點。SDG 檢視在 ODQ

旅程上成功與失敗的公司時，發現大部分的失敗與挫折都發生在領導階層更迭。在這些案例中，通常即將離開的領導者是 DQ 擁護者，但新的領導者卻希望堅持自己的決策風格。

只有少數組職做到了實現整個企業永續的 ODQ。2014 年，決策專家協會創立最高獎項，希望加以肯定這些公司。這個獎項稱為雷法—霍華獎（Raifa-Howard Award），是以決策分析的兩位創立者霍華德·雷法及朗·霍華為名。第一個得獎者是雪佛龍。

雪佛龍的 ODQ 之旅

組織決策能力的需求在決策密集的產業最大，比如探勘及生產石油與天然氣的行業。石油與天然氣公司必須在那些經濟生命週期至少三十年的計畫，進行鉅額的資本投資。在所有想像得到的各種層面，他們都要面對不確定性的考驗，包括價格、政治、技術、地質。而雪佛龍一直是在這種困難的資本密集型決策中實施 DQ 的領導者。

雪佛龍最早是在 1990 年代初期開始實施 DQ，當時該公司聘請 SDG 協助他們進行一些重要的決策和訓練。由於幾次重大資本決策都獲得了巨大的成功，DQ 概念就此在該公司打下穩固的基礎。其中一次決策涉及到公司的煉油廠，為了保持競爭力，煉油廠需要升級。根據問題的初步檢視後，他們討論出一個提案，建議在出狀況的煉油廠安裝一個叫做靈活焦化裝置（flexicoker）的組件。

靈活焦化裝置是複雜的設備，能夠提煉各種不同的原油，同時盡量減少不良的殘渣。

隨著設計工作進行，安裝靈活焦化裝置的成本也從 10 億美元修正為將近 20 億美元。因此管理高層創立一個專案團隊，要求徹底評估這項專案的價值與風險。專案團隊利用了 DQ 概念。在他們進行時，框架擴大到包括與靈活焦化裝置無關的改進，並且公開新的改進替選方案。

接著，專案團隊進一步評估各種變數的不確定性影響，比如原料、原油價格、汽油躉售價格、專案工期。他們利用機率分析，建立每個替選方案的可能結果區間，以及這些結果發生的機率。有了完整的風險與報酬檔案，雪佛龍的管理階層斷定，最初的靈活焦化裝置專案的風險程度讓人無法接受。其他替選方案雖然創造的價值較少，但是風險也比較少。

這時候，雪佛龍決定擱置專案中靈活焦化裝置的部分了。他們轉而依賴其他改進方案，團隊還能減少 75％的成本，同時保留超過 50％的價值。很顯然，DQ 為該公司的重大決定增加了不少價值。

後來又有幾次機會，在其他專案陸續證明了 DQ 架構的價值後，該公司便擴大使用 DQ，透過一場為期數日的研討會，找來超過一千名高階主管和經理人介紹 DQ。數十位工作人員爭取培訓成為決策實踐者，參加為期兩週的「新兵訓練營」，並在他們協助現實世界的重要決策過程時，得到充分指導。不久，積極培訓的正面

效果就漸漸顯現了。

雪佛龍的 DQ 項目在 1990 年代後期進入成熟期。彼時，該公司內部的決策專家陣容已經具備深厚的實力，並且擔負起訓練公司其他員工的責任。大衛・歐萊利在 2000 年擔任執行長時，下令要求凡是資本支出超過 5,000 萬美元的計畫，都要以 DQ 方法為決策標準程序。而且，他也堅持公司全體上下的決策者都要取得 DQ 方法的培訓認證。接下來幾年，公司內有超過二千名高階主管參加了決策模擬研討會。

公司內部的決策專業員工逐漸增加，人數超過兩百名，並分散在各個營業單位。這些人當中有一半是全職專注在決策分析和協調輔助的工作。根據雪佛龍的決策分析業務領袖的報告，公司獲得了顯著利益，包括有共同的語言、共同的期望、理解良好的決策有哪些要素，而且決策者也更有準備，知道如何在決策委員會上進行有效的對話。該公司還引進了價值追蹤系統，把「每次決策時的價值期待值」以及「數年之後真正實現的價值」拿來進行比較。

儘管高層領導更迭，組織決策品質在雪佛龍卻留存了下來，並且蓬勃發展。以公司每年有超過 400 億美元的專案發展來說，高階主管深知他們的決策必須有最高品質。因此，雪佛龍在 2014 年獲得首屆雷法—霍華獎，也就絲毫不令人意外了。

踏出第一步

想要建立 ODQ 的組織，一開始的起步通常跟雪佛龍一樣，先從幾個專案的應用和一些培訓開始。想在組織裡提倡 DQ 的個人，可以先尋找一個手上有棘手決策、而且那個問題備受矚目的決策者。利用這個高難度的專案充當 DQ 的試驗場，給決策者一個機會看看實際作用的 DQ 概念，是如何為決策提升價值的。關於 DQ 應用的首次亮相，重點是與十分精通 DQ 方法的決策專家合作。這項打頭陣的專案取得成功後，再加上重要決策者及專案團隊成員接受一些訓練，就奠定了「廣泛應用 DQ」並且「透過改善決策以提高價值」的基礎。組織可以從 ODQ 成熟曲線監測進展，並追蹤團隊實現 ODQ 各項要素的成功程度。

＊　＊　＊

邁向 ODQ 的第一步一定是由個人發起的。本書的最後一章要給希望展開 DQ 之旅的讀者提供最後的建議。

注釋

1. 範例可參考夏皮拉（Zur Shapira）編纂的《組織決策》（*Organizational Decision Making*）。

16
開啟你的人生勝局：
讓明智的決策成為一生的習慣

千里之行，始於足下。

——老子

　　每一場認真以對的提升改善運動都是一趟旅程。在旅程途中，人們的態度與期望必定會隨之改變。把老舊過時的習慣與常規慣例擱置在一旁，讓路給更好的新習慣與新做法。我們學會新技能了，然而，無可避免地會遇到坑洞與障礙，而且不時還會在旅途中迷失方向或誤入歧途，拖延了進度。但是每一次成功，即使是小小的成功，都會指引我們走到更好的地方。DQ 之旅，也就是將 DQ 培養成為習慣和組織能力的壯舉，亦是如此，而且盡頭的獎賞更會讓人覺得這一路以來的努力都是值得的。

＊　＊　＊

本書盡量提供了你在這條 DQ 之旅前進時所需的理解與判斷，並對於好決策與好結果之間的重要區別加以解釋。回顧本書，我們介紹了 DQ 的六個必要條件，包括適當的框架、有創意的替選方案等等。目標是每項必要條件都達到 100％，也就是不值得繼續投入更多時間或資源的程度。一旦六項必要條件都達到 100％ 了，我們就能胸有成竹地做出決策，也明白無論最終結果如何，我們都做到了高品質決策，DQ 的存在使我們面對不確定性時，得以心平氣和。

旅途中，複雜性與不確定性肯定會考驗我們身為決策者的能力。各章提供的工具，例如決策體系、決策樹、關聯圖、龍捲風圖等等，可以幫助我們在重大決策與策略決策的選擇中克服複雜性與不確定性。同樣有挑戰性的是我們投入努力時隨之而來的偏誤，這些錯誤觀念會扭曲我們的看法，影響我們的判斷。我們可能心裡會這樣想：

- 「我已經是優秀的決策者。我大可順從自己的直覺就好。」
- 「我們第一個想到的選項已經夠好了。我們就順勢而為，就此拍板吧。」
- 「大家都同意方案 C，顯然那就是最好的選擇。」

如果我們受到這些想法誘惑，決策就不會有高品質了。但如果我們提高警覺，採取本書前面概述的預防措施，就能避免旅途上的許多決策陷阱。

有一個重要的預防方法，就是運用能讓我們順利走向 DQ 終點的流程。DQ 評估循環是一個快速且可以循環重複的流程，非常適合應用於許多重大決策。對話決策流程則是用於決策者與專案團隊成員之間具系統性的協商對話，可以促進組織中的各利害關係人達成共識。當一間公司面臨高風險、賭注大的策略決策時，決策專家通常會應用對話決策流程取得良好效果。若是有正確的人參與對話決策流程，我們就能一目了然，看出最佳選擇，並且建立我們的責任感與行動的決心，避免在執行中時常出現的決策失敗。

下一步？

了解一件事通常比實際做這件事容易。若要改變存在已久的決策習慣，更是知易行難。身為有經驗的決策者，我們通常高度自信，對自己的做事方法深信不疑。即使是將 DQ 應用在個人的決策上，可能也是個不小的挑戰，但是一旦學會了，並打從心裡轉變成 DQ 模式，我們就回不去了。因為當我們有辦法得到明顯更多自己真正想要的，就不會滿足於「還過得去」的結果。

那麼我們應該從哪裡開始？許多人是從應用 DQ 改善自己的決策開始。要踏出這一步，不妨從重大決策開始，因為這類決策不會

太過複雜，只要運用 DQ 評估循環就行。有需要的話，尋求其他經驗豐富的 DQ 實踐者（也許是職場上的決策專家），他們都可以在資訊、決策樹等方面提供幫助。隨著信心和技能的累積，就能克服愈來愈複雜的決策。

高品質決策很像卡內基音樂廳，通往舞台之路就是練習、練習、再練習。那些經常應用 DQ 並且懂得向專業老手尋求指引的人，不僅能夠提升自己的技能，也可以累積不少決策前輩的本事和技能。一個訓練有素的人，可以將 DQ 運用在職場上，也能用在家人朋友之間，處理難解的個人煩惱與人生抉擇。想像一下，DQ 可以為醫療問題、大學與職業生涯選擇、重大採購、年邁家人，甚至是人生伴侶等決策所帶來的價值。其中的機會與潛在價值是無限大的。

如果我們希望改變的決策涉及組織中的其他人，那就必須鼓勵他們一起學習 DQ，並應用在我們共同的決策當中。找到一個棘手的決策，然後在 DQ 專業人員的協助下努力克服，這麼做不但能為組織創造價值，還可以戳破「我們天生是決策高手」這種普遍且危險的錯覺。一旦體認到 DQ 的價值，就能進一步發展組織能力，並且讓成功的應用模式普及，說不定還能走向前一章所描述的ODQ。

想要擴展 DQ 技能與能力，有許多資源。策略決策集團（SDG, www.sdg.com）時常主辦網路研討會與高階主管簡報，並提供線下與線上培訓。它也提供策略決策的諮詢支援，還提供進階培訓給決

策專業人士，進一步學習決策專家的分析工具和促進領導能力。決策專家協會（www.decisionprofessionals.com）提供 DQ 相關從業人員的社群資訊，並頒發 ODQ 雷法－霍華獎。史丹佛大學的策略決策與風險管理認證學程（strategicdecisions.stanford.edu）則是為領導者與從業人員提供決策培訓。最後，決策教育基金會（www.decisioneducation.org）根據他們的座右銘「決策愈好，生活愈好」，提供資源和義工機會，向年輕人分享傳授這項決策技能。

＊　＊　＊

對一些讀者來說，DQ 架構補足了他們一直設法填補的空白。感受到 DQ 威力震撼的人常說：「這正是我一直以來想要做的。我就是缺了完整的架構。真希望我早早就了解 DQ。」這些熱切的愛好者將加入提倡 DQ 的隊伍，努力讓 DQ 的常識可以真正在實務中普及。有了這些 DQ 擁護者，還有本書作者及其 SDG 的同事、決策專家協會的同行合作，相信有潛力透過個人、家庭、企業與組織、整體社會，由小到大做出更好的高品質決策，讓這個世界變得更美好。

＊　＊　＊

本書作者群衷心希望大家都有個成功的旅程。

史丹佛翻轉人生的超級勝算課

Decision Quality: Value Creation from Better Business Decisions

作　　者　卡爾‧史佩茲勒、漢娜‧溫特、珍妮佛‧梅耶
譯　　者　林奕伶
主　　編　林玟萱

總 編 輯　李映慧
執 行 長　陳旭華（steve@bookrep.com.tw）

社　　長　郭重興
發 行 人　曾大福
出　　版　大牌出版 / 遠足文化事業股份有限公司
發　　行　遠足文化事業股份有限公司
地　　址　23141 新北市新店區民權路 108-2 號 9 樓
電　　話　+886-2-2218-1417
傳　　真　+886-2-8667-1851

封面設計　陳文德
排　　版　新鑫電腦排版工作室
印　　製　中原造像股份有限公司
法律顧問　華洋法律事務所　蘇文生律師

定　　價　420 元
初　　版　2023 年 06 月

電子書 E-ISBN
9786267305287（EPUB）
9786267305249（PDF）

國家圖書館出版品預行編目資料

史丹佛翻轉人生的超級勝算課 / 卡爾‧史佩茲勒（Carl Spetzler）、漢娜‧
溫特（Hannah Winter）、珍妮佛‧梅耶（Jennifer Meyer）著；林奕伶 譯.
-- 初版 . -- 新北市：大牌出版，遠足文化發行，2023.06
288 面；14.8×21 公分
譯自：Decision Quality : value creation from better business decisions
ISBN 978-626-7305-22-5（平裝）
1. 決策管理　2. 風險管理

494.1　　　　　　　　　　　　　　　　　　　　112005897